기획의 말

정말 두렵기까지 합니다. 올해 들어 날씨를 말하면서 '극한'이란 낱말을 자주 붙입니다. 장마에는 시간당 강수량이 평균치를 훌쩍 넘어 극한 호우라 하더니, 나라 전체의 최고 기온이 35℃에 이르면서 극한 폭염이라는 말까지 나왔습니다. 과학자들이 일찌감치 이런 사태를 예견하고, 서둘러 탄소 배출을 줄여야 한다고 말해왔건만 어리석게도 나라끼리 약속한 탄소 절감 대책을 실천하지 않은 결과입니다.
박재용 선생의 《궁금해! 지구를 살리는 미래과학 수업》은 과학기술 측면에서 탄소 배출을 줄이는 방법을 자세히, 그리고 친절하게 살펴보고 있습니다. 태양광발전에서 이산화탄소 억제 기술까지, 그리고 최근에 실현 가능성을 두고 논란의 대상이 된 상온 초전도체까지 두루 다루었습니다. 물론 모든 문제를 과학기술로 해결할 수는 없습니다. 그러나 인류가 맞이한 위기 상황을 돌파하는 데 과학기술은 지금까지 그래왔듯 중요한 역할을 해낼 것입니다. 지구와 공존하는 인류 공동체를 가능하게 할 근거를 이 책에서 찾아보길 바랍니다.

◆ **이권우** 도서평론가

추천의 말

언제부터인지 산성비나 남극 상공의 오존 구멍에 관한 뉴스는 거의 없어요. 이미 기후의 반격이 시작되었기 때문이에요. 전 세계 곳곳에서 나날이 최고 기온을 경신하고 있어요. 이렇게 인간에 의해 자연이 망쳐지기는 했지만, 반대로 우리는 회복시킬 수 있는 능력을 발휘할 수도 있어요! 지금 전 세계가 근본적인 해결책은 아니더라도 증상을 없앨 수 있는 대책을 찾기 위해 함께 움직이고 있어요. 이 책에는 기후 문제를 해결하기 위한 다양한 첨단기술과 미래과학의 비전이 정리되어 있어요. 이 책을 읽으며 청소년 독자들은 지구뿐 아니라 자신의 미래를 위한 길을 찾기를 바랍니다.

◆ **이정모** 전 국립과천과학관장

지금 인류가 당면한 가장 중요한 과제는 기후 변화입니다. 심화되는 기후 변화는 인류의 존립에 중대한 위협이 될 수 있지요. 초거대 인공지능과는 비교할 수 없는 충격을 가져올 수 있어요. 이러한 시기에 기후 위기를 해결할 수 있는 기술이야말로 인류의 지속가능한 미래를 구현하기 위한 강력한 전략입니다. 이 책을 통해 대한민국의 많은 청소년이 과학기술과 인류의 지속가능한 미래에 더 큰 관심을 갖기 기대하며 강력하게 추천합니다.

◆ **서용석** KAIST 문술미래전략대학원 교수, KAIST 국가미래전략기술 정책연구소장

지구 평균 기온 상승 속도가 빨라지고 있어요. 마음이 급해집니다. 기후 위기 대응에서 과학기술이 만능은 아니지만 중요한 대안입니다. 이 책은 익숙한 태양광과 풍력발전에서부터 수소환원제철, 탄소 제로 선박과 비행기, 상온 초전도체까지! 과학기술 하나하나가 눈 앞에 펼쳐진 것처럼 쉽고 상세하게 알려줍니다. 이 책의 백미는 '이런 것도 생각해 보기!' 과학기술이 우리 사회에 던지는 질문들에 관해 함께 생각해 볼 수 있어요. 박재용 작가와 함께 떠나는 과학 여행, 재미있고, 보람찹니다!

◆ **이유진** 녹색전환연구소장

궁금해!

지구를 살리는
미래과학
수업

십 대가 꼭 알아야 할 친환경 과학기술

궁금해! 지구를 살리는 미래과학 수업

1판 2쇄 펴낸날 2024년 7월 15일

글 박재용

그림 이크종

펴낸이 정종호

펴낸곳 (주)청어람미디어

기획 이권우

편집 홍선영

디자인 구민재page9

마케팅 강유은

제작·관리 정수진

인쇄·제본 (주)성신미디어

등록 1998년 12월 8일 제22-1469호

주소 04045 서울시 마포구 양화로 56, 1122호

전화 02-3143-4006~4008

팩스 02-3143-4003

이메일 chungaram_e@naver.com

홈페이지 www.chungarammedia.com

인스타그램 www.instagram.com/chungaram_media

ISBN 979-11-5871-228-0 43400

잘못된 책은 구입하신 서점에서 바꾸어 드립니다.
값은 뒤표지에 있습니다.

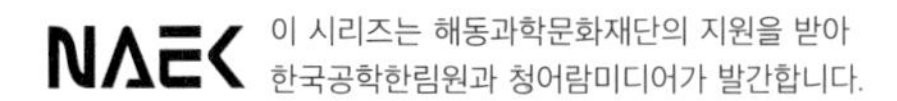

지구를 살리는 미래과학 수업

십 대가 꼭 알아야 할 친환경 과학기술

박재용 글 ✦ 이크종 그림

청어람미디어

차례

제3장 석유 없이 달리는 자동차 만들기
- 미래형 모빌리티

제4장 지구를 살릴 세 가지 핵심 미래 기술
- 지속가능한 에너지와 신물질

머리말

요즘 많은 이들이 환경 문제에 관심을 보입니다. 사실 들여다보면 환경 문제 대부분은 우리 인간이 만든 것이죠. 기후 위기는 산업혁명 이후 화석연료를 사용하는 과정에서 발생한 이산화탄소가 대기 중에 계속 쌓이면서 만들어졌어요. 바다에 쌓이고 있는 해양 쓰레기 또한 20세기 이후 우리가 자주 사용하는 각종 플라스틱이 주요 원인이고요. 항상 우리를 곤두서게 하는 미세먼지와 초미세먼지는 자동차 배기가스와 타이어 마모, 그리고 발전소와 공장 굴뚝에서 나오는 물질들에 의해 만들어지고요.

도시가 커지고, 곡식과 사료를 재배하는 농경지가 늘어나면서 다양한 생명이 어울려 살아가는 생태계는 점차 줄어들고 있어요. 도시와 도시를 잇는 도로와 철도 등이 늘어나면서 생태계는 좁아지고 잘려 분산되고 고립되었습니다. 그에 따라 생

물의 종류와 개체 수도 확연히 줄어들고 있어요. 과학자들은 제6의 대멸종이 이미 일어나고 있다고 경고하고 있어요.

지구에 사는 인구는 어느덧 80억 명을 넘었고 선진국에서는 출생률이 줄고 있다고는 하지만 그래도 당분간은 인구 증가가 계속 이어질 거예요. 인간에 의해 일어나는 다양하고 심각한 환경 문제가 해결되기 어려운 이유죠. 이런 문제를 해결하기 위해 20세기 후반 이후 많은 이가 다양한 노력을 기울이고 있어요. 그중 하나는 새로운 기술을 개발하여 환경에 미치는 나쁜 영향을 줄이고자 하는 것입니다.

화석연료 대신 재생에너지를 이용해서 전기를 만든다든가, 휘발유 같은 화석연료 대신 전기로 가는 자동차를 개발하는 것 등이 대표적인 예이죠. 아직 갈 길이 멀지만, 핵융합발전이나 상온 초전도체, 자기메모리 개발 등도 이러한 노력 중 하나

에요. 물론 이런 신기술만 가지고 현재 인류에게 닥친 기후 위기를 중심으로 한 환경 문제를 완전히 해결할 수는 없을 거예요. 그래서 전기자동차가 있어도 대중교통을 이용하고, 일회용 제품을 덜 쓰는 등의 개인 활동과 환경 문제 해결을 위한 다양한 시민 활동이 필요해요. 그렇기는 해도 신기술의 개발은 우리가 환경 문제를 해결하는 데 커다란 힘이 되는 것 또한 사실이에요.

또 하나, 이 책에서 소개하는 다양한 친환경 기술은 현재 개발이 완료된 것이 아니라 앞으로 더 개선해 나가야 할 기술이고, 그 역할은 미래의 과학자, 공학자인 여러분의 몫일 겁니다.

이제부터 인간과 지구의 모든 생명이 안전하고 평화롭게 어울려 살아갈 미래를 위한 신기술들을 소개할 거예요. 이 책에서 소개하는 친환경 기술들은 미래를 위한 희망과 가능성을 열어주며, 우리가 살아가는 지구와 환경을 보호하고 지키기 위한 중요한 역할을 할 거예요. 자, 지금부터 우리가 모두 함께 지구를 지켜나갈 수 있는 미래를 상상하며 과학 여행을 떠나봐요.

2023년 가을 박재용

이거
큰일이네
아주!!

석유·석탄 없이 전기 만들기

미래형 재생에너지 기술

데자뷔~
코오오오
위이잉
뿅뿅
전기 좀 아껴!! 이러다 지구가 다~ 죽어!!

엥? 왜?
전기를 만드는 데 이산화탄소가 엄청 발생한다구!

아니, 이산화탄소는 우리가 숨쉴 때 나오는 거 아냐?
습 하
그것도 맞지만!

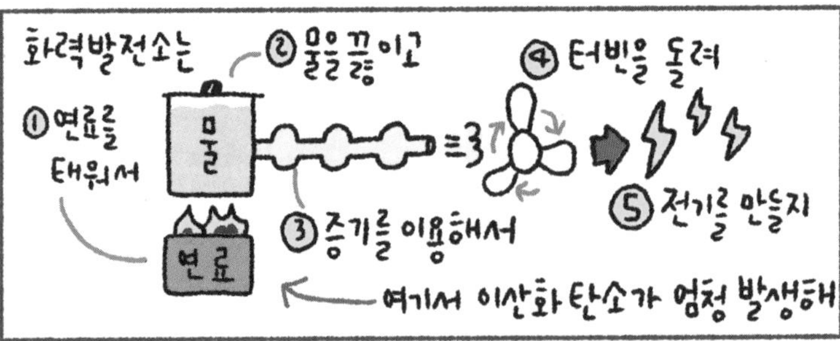
화력발전소는
① 연료를 태워서
② 물을 끓이고
물
③ 증기를 이용해서
④ 터빈을 돌려
⑤ 전기를 만들지
연료
여기서 이산화탄소가 엄청 발생해

헐, 그렇구나..
그러니까 전기 좀 아껴
그런데..

화를 덜 내면 이산화탄소도 좀 덜 나올 거 같은데..
워 워

누가 이산화탄소를 내뿜는 거야?

기후 위기가 엄청 심각하다며 다들 걱정이 많아요. 산업혁명 이후 지구의 평균 기온이 1℃보다 조금 더 높아졌는데 이 때문에 전 세계적으로 폭염과 이상 기온 일수가 늘고, 해수면이 상승하는 등 세계 곳곳이 몸살을 앓고 있어요. 더구나 앞으로 0.5℃만 더 높아진다면 지금까지 겪어보지 못한 더 심각한 자연재해가 밀어닥칠 거라고 과학자들이 한목소리로 경고하고 있어요.

이런 기후 위기는 인간이 내놓은 온실가스, 이산화탄소, 메테인가스, 불화가스 등 때문인데 그중에서도 이산화탄소 발생이 가장 큰 문제예요. 그래서 다양한 영역에서 이산화탄소를 줄이기 위한 노력이 이어지고 있어요. 이 가운데 핵심적인 곳이 전기를 생산하는 발전 부문이랍니다. 이산화탄소 등의 온실가스 배출량 중 약 30% 이상을 발전 부문이 차지하고 있기 때문이에요. 지금 우리나라는 원자력이 발전 부문 전체의 30% 정도를 차지하고, 석탄이나 천연가스 등의 화석연료를 태우는 화력발전소가 60% 조금 넘습니다. 이곳에서 내놓는 이산화탄소량이 우리나라 전체 온실가스 배출량의 30% 이상이나 된다고 해요.

모든 에너지가 앞으로 전기로 바뀐다고?

앞으로 산업 현장이나 가정에서 쓰는 에너지 대부분은 전기로 대체될 거예요. 가스레인지 대신 인덕션, 가스보일러 대신

전기보일러, 내연기관 자동차 대신 전기자동차를 주로 쓰게 되는 거지요. 가스나 휘발유를 태우는 과정에서 이산화탄소가 많이 발생하기 때문에 이를 전기로 바꾸면 이산화탄소 발생량이 줄어들기 때문이에요. 에너지 효율도 더 좋아지고요.

이러다 보면 전기 사용량이 이전보다 훨씬 더 늘겠죠. 우리나라의 경우 2050년쯤에는 지금보다 2.5배 더 많은 전기를 사용하게 될 거예요. 그렇다고 전기를 더 만들기 위해 이산화탄소를 내뿜는 연료를 사용하는 화석연료 발전소를 더 늘릴 수는 없어요. 또 가스나 석유, 석탄 등은 매장량이 정해져 있어서 계속 쓰면 바닥날 수밖에 없고요. 그래서 이산화탄소를 만들

지 않고, 연료가 바닥날 걱정도 없는 재생에너지를 이용해서 전기를 만드는 일이 매우 중요해요. 재생에너지로는 햇빛, 바람, 지열, 파도, 밀물과 썰물 등 여러 종류가 있는데 세계 곳곳에서 이를 이용한 다양한 발전 기술이 개발되고 있어요.

재생에너지에는 어떤 기술이 필요할까?

우리나라에서는 다른 재생에너지 기술은 조건이 맞지 않아 사용하기 힘들어서 태양광발전과 풍력발전 그리고 그린 수소를 주로 활용합니다. 그래서 국내 과학자들은 태양광과 풍력, 그린 수소 등을 더 잘 이용하기 위한 기술을 개발하고 있지요.

그런데 태양광발전과 풍력발전에는 두 가지 큰 문제가 있어요. 우선 우리가 필요할 때 필요한 만큼의 에너지를 생산하기 힘들다는 점이에요. 밤이 되면 태양광발전은 가동할 수 없어요. 또 태풍이 불거나 반대로 바람이 잔잔해지면 풍력을 이용한 발전도 어렵고요. 그래서 재생에너지를 쓰려면 전기를 많이 만들 수 있을 때 저장해 두었다가 필요할 때마다 꺼내 쓸 수 있는 에너지 저장 장치가 중요해요.

다른 하나는 전력을 어떻게 잘 분배할 것인지에 관한 거예요. 현재 우리나라 주요 발전소는 100개가 조금 넘어요. 대부분 수도권과 영남, 충청도 등에 모여 있죠.

하지만 앞으로 태양광발전과 풍력발전이 주를 이루면 전국의 수천, 수만 개의 재생에너지 발전소가 생길 거예요. 그리고 발전소마다 생산하는 전기량도 날씨에 따라 들쭉날쭉하지요. 이를 전국의 모든 전기 사용처에 효율적으로 배분하기도 쉽지 않아요. 이에 대한 해답이 바로 **스마트 그리드**입니다.

'똑똑한'을 뜻하는 smart와 전기·가스 등의 배급망, 전력망이란 뜻의 grid를 합친 말로, 기존 전력망에 정보통신기술(ICT)을 더해서 에너지 효율을 높이는 차세대 전력망이에요.

그 외에도 재생에너지로 생산한 수소를 수입해 전기를 만드는 것도 중요하게 고려해야 합니다. 이와 관련된 그린 수소 기술 또한 앞으로 여러 측면에서 더 개선할 필요가 있어요. 지금부터 차근차근 알아볼게요.

태양으로 전기 만들기

요사이 태양광 패널을 흔하게 볼 수 있어요.
아파트 베란다에도 설치되어 있고,
농촌 들판이나 호수, 저수지에서도 볼 수 있어요.
햇빛으로 전기를 만든다니 신기하지 않나요?
어떻게 가능한 걸까요?

빛이 전기로 바뀐다고?

기후 위기 극복이 중요해지면서 재생에너지 발전이 크게 늘고 있어요. 그중에서도 가장 많은 것이 태양광발전이죠. 태양광발전은 빛을 전기로 바꾸는 데 광전효과의 원리를 이용합니다. 상대성이론으로 유명한 아인슈타인 박사가 1905년에 광전효과의 원리를 알아냈고 그 공로로 노벨물리학상을 받았어요.

광전효과의 핵심은 물질이 빛을 흡수하면 전자를 내놓는다는 거예요. 튀어나온 전자가 이동하면서 전류가 흐르게 되지요. 날이 밝으면 저절로 꺼지는 가로등이나 사람이 다가가면 불이 켜지는 전등, 인터넷을 연결하는 광케이블, 그 외에도 복사기와 사진을 찍을 때 빛의 양에 따라 자동으로 밝기를 조절하는 광도계 등도 광전효과를 이용한 것이에요. 물론 태양광발전에도 사용되고요.

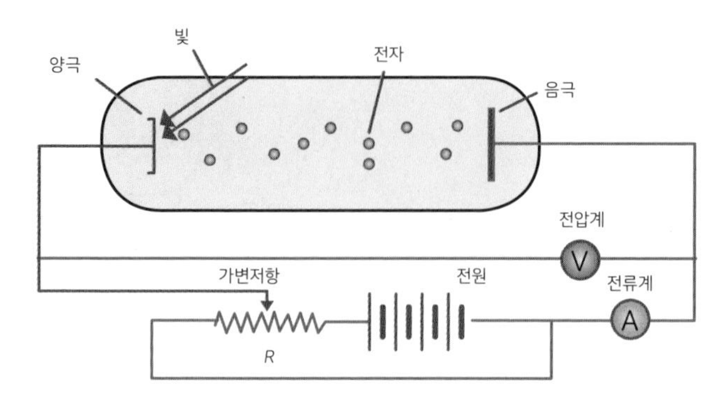

어떤 물질에 빛을 비추면 빛을 흡수하면서
전자가 튀어나와 전선을 타고 이동하면서 전류가 흘러요.

빛은 파장에 따라 감마선이나 X선, 자외선, 가시광선, 적외선, 전파가 있어요. 눈에 보이는 가시광선을 포함해서 이들 모두를 전자기파라 하지요. 태양은 다양한 파장의 빛을 내보내지만 그중 가장 에너지를 많이 가진 건 우리 눈에 보이는 빛인 가시광선 영역이에요. 그래서 태양광발전은 이 파장을 잘 흡수하는 물질을 재료로 만듭니다. 현재는 실리콘이 주재료인 광다이오드를 주로 사용하는데 최근에는 **페로브스카이트** 같은 신물질을 이용하려는 연구도 활발해요.

> 1839년 러시아 우랄산맥에서 발견된 광물이에요. 이 광물을 발견한 레프 페로브스키(Lev Perovsky)의 이름을 따서 붙였어요.

태양광 패널은 어떻게 전기를 만들까?

우리가 흔히 보는 검은색을 띤 넓은 판 모양의 태양광발전 장치를 태양광 패널이라고 해요. 겉 테두리는 알루미늄으로 만듭니다. 전지판을 보호하는 유리 아래에는 태양전지, 셀이 모여 있는 모듈이 있고 뒤편은 백시트로 마감합니다. 유리와 모듈, 모듈과 백시트 사이에는 밀봉재를 채워 모듈을 충격으로부터 보호합니다. 백시트 뒤에는 전기를 모아 송전하는 정션박스가 있어요.

태양전지도 일종의 반도체처럼 작동하기 때문에 반도체 재

검은색을 띤 넓은 판 모양의 태양광발전 장치를 태양광 패널이라고 해요.

료로 쓰는 실리콘이 태양광 패널의 핵심인 셀의 재료로도 사용됩니다. 실리콘 태양광전지는 다결정 실리콘과 단결정 실리콘 두 가지가 있어요. 처음에는 만들기도 쉽고 또 가격도 싼 다결정 실리콘을 주로 이용했지요. 하지만 빛 에너지를 전기로 바꾸는 효율이 18~20% 정도로 낮습니다. 단결정 실리콘은 다결정보다 효율이 4% 높지만 만드는 비용이 많이 들었어요. 처음에는 싼 다결정을 이용했지만 2010년 정도부터 단결정 가격이 싸지면서 이제는 단결정 실리콘을 더 많이 사용합니다.

'겨우 4%?'라고 생각할 수도 있어요. 하지만 효율이 높으면 같은 전기를 만드는 데 필요한 설치 면적을 줄일 수 있다는 장점이 있어요. 태양광발전은 아주 넓은 면적이 필요해요. 화력발전소와 비교하자면 그 몇십 배 면적이 필요해요. 그만큼 패널도 많이 들죠. 그래서 4% 차이도 아주 중요합니다.

그런데 단결정 실리콘 태양전지 에너지 효율도 29.4%가 한계예요. 아무리 잘 만들어도 30% 이상이 되질 않죠. 이런 문제를 해결하려고 개발한 것이 2세대 태양전지예요. 아주 얇은 막으로 만들기 때문에 박막 태양전지라고 불러요. 대표적인 것이 갈륨-비소(GaAs) 박막전지인데 이론적 효율은 50%가 넘어요. 또 높은 온도에서도 실리콘보다 안정적으로 전기를 만들 수 있어요.

하지만 만드는 비용이 실리콘보다 훨씬 비쌉니다. 거기다 튼튼하질 않아 쉽게 부서지고 수명도 짧고요. 더구나 비소는 사람에게 해로운 독성 물질이고 갈륨은 매장량이 적어서 대량생산이 되면 금방 부족해질 수 있어요. 다른 박막 태양전지도 비슷한 사정이죠. 그러다 보니 박막 태양전지는 인공위성 등 특수한 경우에만 사용되고 있어요.

3세대 태양전지를 개발 중이라고?

이런 두 태양전지의 단점을 극복하기 위해 개발 중인 게 3세대 태양전지인데 그중 가장 가능성이 큰 것이 유기 태양전지입니다. 대량 생산할 수 있으면 기존의 실리콘 태양광전지보다 제작비용도 훨씬 줄어들 거예요. 대표적인 것이 페로브스카이트 태양전지입니다. 페로브스카이트는 원래 타이타늄산칼슘이란 광물인데 지금은 24쪽 그림과 같은 구조를 가진 물질을 모두 페로브스카이트라고 불러요.

원자 네 개로 이루어진 큰 사각형 구조(파란색) 평면 중심에 빨간색 원자가 하나씩 있고, 한가운데 원자 하나(검은색)가 들어가 있는 구조지요. 이런 구조의 화합물에 빛을 비추면 가운데 검은색 원소가 빛을 흡수해서 전자를 내놓아요. 즉, 태양광발전의 기본 원리인 광전효과가 일어나지요. 파란색과 빨간색

타이타늄산칼슘(왼쪽)과 페로브스카이트 결정 구조(오른쪽)

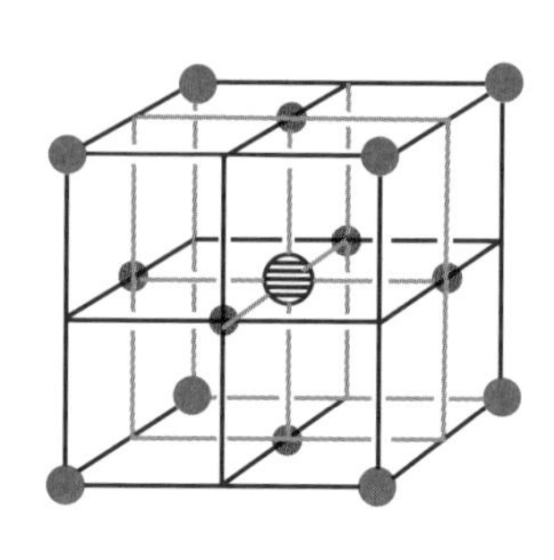

오른쪽 그림에서 원자(파란색) 네 개로 이루어진 큰 사각형 구조 평면 중심에 원자(붉은색)가 하나씩 있고, 한가운데 원자 하나(검은색)가 들어가 있어요.

그리고 검은색(한가운데 원소)을 어떤 원소를 쓰느냐에 따라 여러 가지 페로브스카이트를 만들 수 있어요. 현재 빛을 가장 잘 흡수하는 페로브스카이트는 메틸암모늄아이오딘화납이란 물질이에요.

그러나 페로브스카이트 태양전지를 실제로 사용하려면 아직 해결해야 할 문제가 있어요. 가장 큰 문제는 수증기나 물에 닿으면 분해가 잘 되어서 수명이 아주 짧다는 거예요. 또 큰 면적으로 만들 때 품질이 떨어져요. 페로브스카이트 안에 있는 납도 문제가 됩니다. 납은 독성이 있어서 토양을 오염시키고 사람 몸에 들어가면 심각한 질환을 일으켜요. 그러니 납을 자연과 사람에게 해가 없는 다른 물질로 대체해야 해요.

그래도 그동안 연구에 진전이 꽤 있었어요. 처음 연구가 시작된 2012년에는 효율이 14% 정도밖에 되질 않았는데 2021년에는 우리나라 한국화학연구원 연구팀이 25.2%까지 높였어요. 가장 많이 사용되는 단결정 실리콘 태양전지와 비슷한 수준이지요. 그런데 가격이 싼 것 말고는 장점이 없는 걸까요? 그렇지 않아요. 페로브스카이트와 실리콘을 이용해 하이브리드형 태양전지를 만들 수 있답니다.

태양전지에도 하이브리드가 대세?

하이브리드형 태양전지는 실리콘 태양전지 위에 페로브스카이트 태양전지를 얹는 방식이에요. 둘이 흡수하는 빛의 파장이 달라 가능한 방법이죠. 위에 얹은 페로브스카이트는 짧은 파장의 빛을 흡수하고 아래의 실리콘 태양전지는 긴 파장의 빛을 흡수해서 같은 면적에서 더 많은 전기를 생산하는 원리에요. 페로브스카이트를 구성하는 원소 세 가지의 비율을 조절하면 흡수할 수 있는 빛의 파장을 바꿀 수 있어 가능하답니다.

이렇게 두 가지 태양전지를 결합한 것을 탠덤 태양전지라고도 하는데 이론적으로 효율을 44%까지 올릴 수 있어요. 같은

탠덤 태양전지 구조

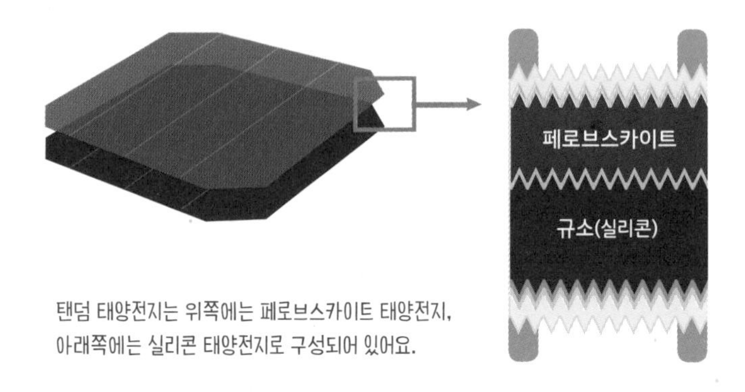

탠덤 태양전지는 위쪽에는 페로브스카이트 태양전지,
아래쪽에는 실리콘 태양전지로 구성되어 있어요.

면적에서 지금보다 두 배 가까이 전기를 생산할 수 있는 거지요. 이렇게 효율이 높은 태양전지가 더 싼 가격에 만들어지면 설치할 장소가 좁은 도시에서도 태양광발전을 효율적으로 할 수 있게 돼요. 그리고 더 많은 사람이 자기 집에 태양광 패널을 설치해서 전기를 만들어 쓸 수 있을 거예요.

페로브스카이트 태양전지 분야는 우리나라가 세계에서 가장 앞서 있어요. 에너지 효율이 세계에서 가장 높은 페로브스카이트를 만들 수 있고, 상용화 연구도 가장 활발하지요. 페로브스카이트와 실리콘 태양전지를 결합한 탠덤 태양전지에서도 마찬가지로 세계 최고 수준의 연구 성과를 올리는 중이고요.

더 효율이 높은 태양전지가 개발되면 우리 학교 주차장 지붕이나 옥상에도 그리고 동네 공원 그늘막 위에서도 태양전지가 전기를 뿜뿜 만들어내는 모습을 더 빨리 볼 수 있을 거예요. 그 외에도 투명 태양전지 등 새로운 형태의 태양전지도 개발 중이지요. 이러한 연구들이 발전되면 우리는 좀 더 다양한 방식으로 태양광발전을 할 수 있게 될 거예요.

이런 것도 생각해 보기

태양광발전은 이산화탄소 발생이 0%일까?

전기를 만드는 데 태양광을 이용한다고 해도 이산화탄소가 전혀 안 발생하는 건 아니잖아요! 그렇다면 완전히 친환경 연료는 아닌 거잖아요?

그렇게 생각할 수도 있지만, 친환경 연료라고 말하는 데는 그만한 이유가 있어. 태양광을 이용해도 이산화탄소가 발생하기는 하지만 기존 화석연료에 비하면 그 양이 아주 적어서 화력발전보다 이산화탄소 발생량이 100분의 1밖에 되지 않거든. 그래서 친환경이라고들 하는 거야.

태양광발전은 태양의 빛 에너지를 이용해 전기를 만들기 때문에 발전 과정에서는 이산화탄소가 발생하지 않아. 하지만 태양광발전에 필요한 발전기를 만들 때와 설치할 때 이산화탄소가 발생하지. 한국에너지공단에서 검증한 결과 우리나라에서 만든 410~450W 정도 되는 태양광 패널을 만들 때 1kW당 620~750kg 정도의 이산화탄소가 발생한다고 해.

이게 뭐냐면, 태양광 패널은 유리, 알루미늄, 백시트 원재료인 플라스틱, 그리고 태양전지 셀의 실리콘 등 다양한 재료를 가공해서 만들어. 이런 원료들을 높은 온도에서 녹여 가공하거나 전기분해를 해서 태양광 패널에 필요한 부속물을 만드는 데 많은 양의 전기에너지가 들어가고 이산화탄소가 나오게 되는 거야. 이런 과정에서 발생하는 이산화탄소량을 모두 합한 게 위의 탄소 배출량이야.

그런데 탄소 배출량은 앞으로 계속 줄일 수 있어. 재료를 고온에서 녹일 때 이산화탄소가 가장 많이 배출되는데 이 과정에 재생에너지로 생산한 전기를 이용하면 발생량이 아주 적어지지. 또 유리나 실리콘 알루미늄은 재활용할 수도 있어서 앞으로 태양광 패널 생산량이 많아지면 수명을 다한 태양광 패널을 재활용할 수도 있고. 그러면 발생량을 더 줄일 수 있어. 아직은 이산화탄소 배출량을 0으로 만드는 건 어렵지만, 이런 과정이 생산 단계 전체로 확대되면 화석연료 발전과는 비교할 수 없을 만큼 배출량이 적어질 거야. 그래서 태양광을 친환경 연료라고 하는 거야.

바람으로 전기 만들기

대관령이나 경북 영덕, 제주 남동해안처럼
높은 산이나 멀리 떨어진 바다에서
거대한 풍력발전기들이 서 있는 것을 볼 수 있어요.
날개가 바람에 천천히 돌아갈 뿐인데 전기를 만든대요!
게다가 날개 없이도 전기를 만드는 풍력발전기도 있고요!
어떻게 가능한 걸까요?

바람으로 어떻게 전기를 만들까?

인류가 바람의 힘을 이용한 것은 아주 오래전부터예요. 18세기에 증기선이 발명되기 전에는 큰 바다를 항해하는 배는 모두 바람을 받아 배를 가게 하는 돛을 단 범선이었어요. 풍차도 오래되었어요. 가장 오래된 기록은 고대 로마의 공학자 헤론이 만든 풍차로 지금으로부터 2,000년 정도 전의 일이었죠.

풍차를 이용해 전기를 만든 건 19세기가 되어서죠. 현재와 같은 풍력발전기는 1941년 미국 버몬트주에 처음 세워졌어요. 그러나 당시엔 화력발전이 훨씬 싸서 풍력발전은 별로 사용하지 않았습니다. 본격적인 풍력발전은 21세기 들어 기후 위기로 인해 재생에너지가 중요해지면서예요.

풍력발전기는 전선을 둥글게 감은 안쪽의 자석을 돌리면 주변의 전선에 전기가 생기는 전자기 유도 현상을 이용합니다. 구조를 살펴보면 바람에 날개(블레이드)가 돌면, 연결된 회전축(저속 회전축)이 같이 돌죠. 그러면 이 회전축에 연결된 기어박스의 기어(톱니바퀴의 조합에 따라 속도나 방향을 바꾸는 장치)를 통해 풍력발전기 내부의 고속 회전축이 돌고 다시 여기에 연결된 발전

풍력발전기 구조

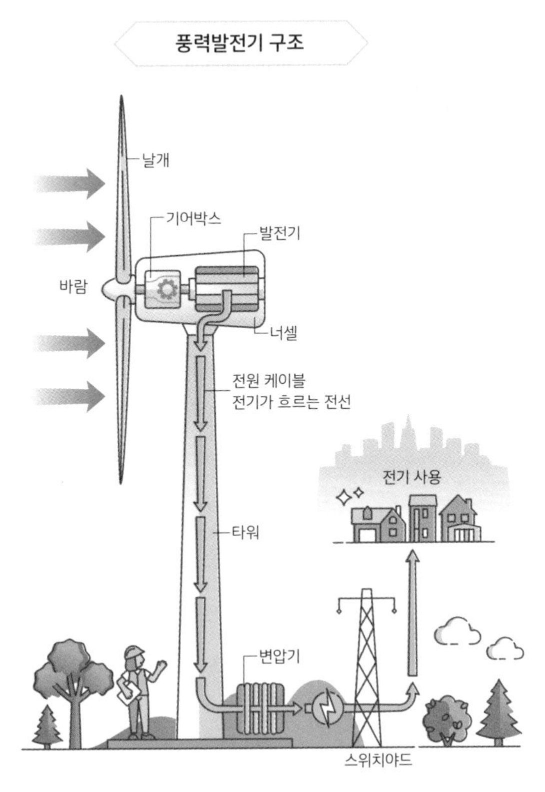

풍력발전기 구조는 사실 간단해요!
회전축에 연결된 발전기 자석으로 전자기 유도 현상을 이용하는 거예요.

기의 자석이 돌아가는 구조로 되어 있어요.

그런데 풍력발전기를 보면 날개가 굉장히 천천히 돌고 있다는 생각이 들지 않나요? 하지만 발전기의 자석은 그 몇십 배로 빠르게 돌고 있어요. 이를 위해 중간 기어박스에는 큰 기어와 작은 기어가 맞물려 있죠. 큰 기어가 한 바퀴 도는 동안 작은 기어가 몇십 바퀴를 돌면서 자석의 회전속도를 빠르게 하는 거예요.

왜 풍력발전기는 모두 산꼭대기에 있을까?

풍력발전기가 큰 이유는 날개 길이 때문이에요. 날개가 길수록 더 많은 전기를 만들 수 있거든요. 풍력발전기는 바람을 맞는 면적이 넓을수록 전기를 많이 만들어요. 하지만 날개를 넓게 만들면 무거워져서 위험하고 제작하기도 어렵죠. 그래서 날개를 넓게 만드는 대신 길게 만듭니다. 길이가 두 배가 되면 전기 생산량은 네 배가 되죠. 날개가 길어지니 자연히 발전기의 키도 높을 수밖에 없어요.

또 하나, 풍력발전기를 주로 산등성이나 바다에 세우는 이유는 바람의 질이 중요해서 그래요. 바람이 되도록 오래, 적당한 속도로 부는 곳이 좋아요. 낮은 곳보다는 높은 곳이, 육지보다는 바다가 그리고 주변에 높은 지형지물이 없는 곳이어야

경북 영덕에 설치된
풍력발전단지에는
산책로가 있어 관람객이
가까이에서 발전기를
볼 수 있어요.

바람이 부는 방향도 잘 바뀌지 않고 세기도 일정하게 강하거든요. 그래서 처음에는 주로 산꼭대기에 세웠어요. 또 사람이 많이 살지 않고 바람이 세게 부는 해안가도 좋은 장소고요.

또 다른 이유는 안전성 때문인데요, 풍력발전기의 크기가 워낙 거대해 혹시 쓰러지면 큰 사고가 날 수 있어요. 또 거대한 날개가 돌다 보니 아주 낮고 큰 소리를 계속 내게 되죠. 이런 소음이 건강에 해롭다는 연구 결과들이 많이 나와서 사람이 살지 않는 장소에 주로 건설합니다. 또 풍력발전기는 한 번에 여러 대를 세워 단지를 이루는 게 경제적이에요. 여러 대를 한 곳에 세우면 하나의 전력망으로 연결이 되니까요. 그래서 산꼭대기에 여러 대의 풍력발전기가 사이좋게 돌고 있죠.

그런데 거대한 풍력발전기를 산등성이에 세우려면 큰 트럭이 들어가게 길을 내고 송전선도 연결해야 하는데 이때 숲을 많이 파괴해요. 지구를 보호하기 위해서 재생에너지를 쓰자면서 오히려 자연을 파괴해 비판이 많아요. 또 우리나라처럼 국토가 좁으면 풍력발전기를 세울 수 있는 지역도 많지 않아요.

바다에 풍력발전단지를 세우는 건 어떨까?

그 대안이 바로 해상풍력발전기입니다. 바다는 방해하는 지형지물이 없어 항상 일정한 방향으로 일정한 세기의 바람이 불어요. 사람이 사는 곳에서 멀리 떨어져 있으니 사고 위험이나 소음으로 인한 피해도 적고요. 물론 바다에 세우니 비용이 많이 들어요. 하지만 육지는 앞서 이야기한 문제로 더 이상 풍력발전기를 설치하기 어려우니 어쩔 수 없지요.

바다에 세우는 방식은 해저에 콘크리트 기초 구조물을 만들고 그 위에 설치하는 고정식과 물 위에 뜬 상태로 만드는 부유식 두 가지예요. 해안에서 가까운 수심이 얕은 곳은 고정식이 편하고 수심이 깊은 곳은 부유식이 적당해요.

처음에는 해안 가까운 곳에 고정식으로 설치했죠. 하지만 고정식은 해저에 구조물을 세우는 과정에서 해양생태계를 파괴합니다. 또 해안 가까이 수심이 얕은 곳은 대부분 어민이 일하는 어장이라 발전소를 설치하면 어업에 피해를 주게 돼요. 그래서 요사이는 먼 바다에 세우는 부유식 해상풍력발전이 더 많은 관심을 끌고 있어요.

부유식은 고정식보다 비용이 많이 들고 설치도 어렵지만 장점도 있어요. 우선 해양생태계에 미치는 영향이 고정식보다 적어요. 또 대규모 단지를 설치하기가 쉽고요. 거기다 수심이 깊은 곳이 얕은 곳에 비해 바람의 질이 더 좋아서 동일한 발전기로 더 많은 전기를 만들 수 있죠. 가장 큰 단점인 설치비용도 점차 싸져서 2030년 무렵에는 고정식과 비슷해질 거예요.

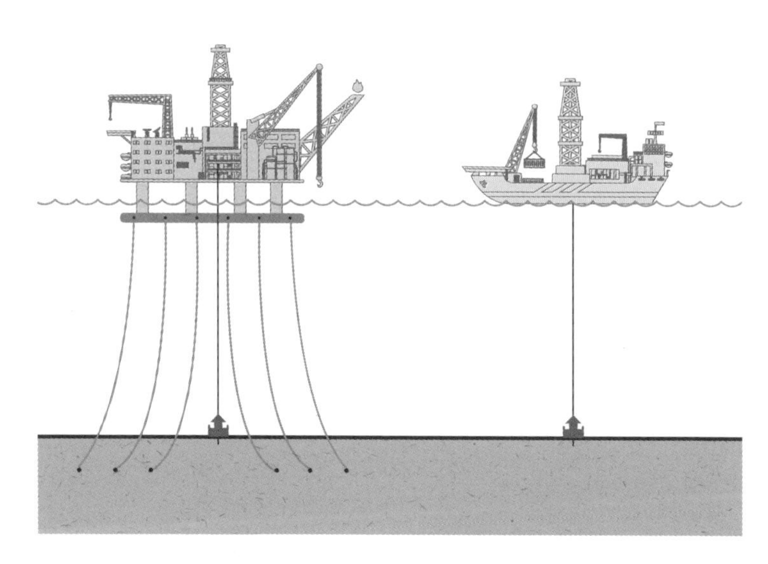

반잠수식 시추선(왼쪽)과 드릴십(오른쪽)은
바다 밑바닥에 닻을 내려 고정하는 형태예요.

그런데 높이가 100m가 넘는 풍력발전기를 물 위에 띄운 상태에서 안정적으로 운영하는 것이 어떻게 가능한 걸까요? 사실 이런 부유식 해양 건조물은 몇십 년 전부터 있었어요. 해저에서 석유를 캐는 시추선(드릴십)이죠. 20세기 중반에 이미 부유식 석유시추선이 개발되었어요. 바다 밑바닥에 닻을 몇 개 내려 고정하는 형태에요. 이 석유시추선 기술을 지금은 부유식 풍력발전에 이용하는 거죠.

날개 없는 풍력발전기가 있다고?

기존 풍력발전기와 완전히 다른 형태도 개발되었어요. 대표적인 것이 날개 없이 기둥만 있는 풍력발전기인데, 스페인의 스타트업 기업인 보텍스 블레이드리스가 만들었어요. 겉으로 보기에는 전신주처럼 원기둥만 하나 서 있을 뿐이지만 원기둥 안에는 탄력이 좋은 실린더가 있어요. 실린더 아래쪽은 고정되어 있고 위쪽은 움직일 수 있는 구조죠. 바람이 원통 안으로 들어오면 실린더가 진동하는데 이 진동을 전기에너

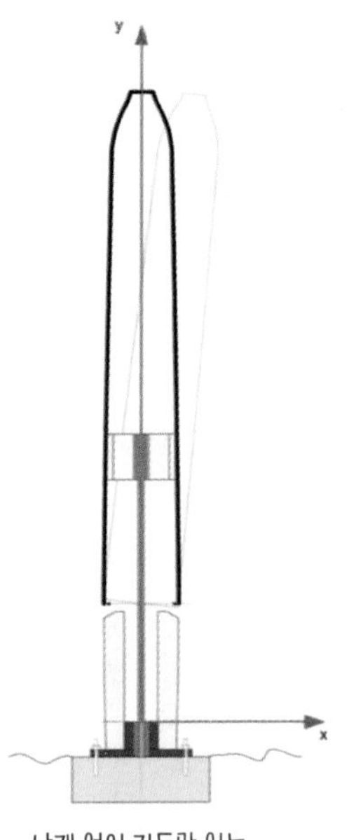

날개 없이 기둥만 있는 풍력발전기도 있어요.
자료 : www.vortexbladeless.com

지로 바꾸는 거예요. 날개가 없으니 새들이 부딪쳐 죽을 일도 없고 저주파 소음도 없어요. 높이도 2.75m로 기존 풍력발전기보다 아주 작죠. 그래서 제작비용이 저렴하고 유지보수 비용도 80%까지 줄일 수 있는 장점이 있어요. 하지만 크기가 작은 만큼 기존 풍력발전기에 비해 발전 효율이 30~40% 수준밖에 되질 않아요.

또 다른 형태의 풍력발전기도 있어요. 영국의 스타트업 기업인 알파311에서 만든 소형 냉장고 크기의 발전기로 물레방아처럼 생겼어요. 도로 주변에 설치하면 자동차나 기차가 지나가면서 일으키는 바람으로 전기를 만들어요. 물론 기존의 날개가 있는 풍력발전기에 비하면 효율이 떨어지지요. 그래서 이런 풍력발전기들은 대규모 풍력단지를 만들기에는 적당하지 않아요. 하지만 뒤에 나올 분산 전원에서는 주요한 역할을 할 수 있어요. 전기가 필요한 곳 부근에 설치해서 주변 전기 수요를 충당하는 거지요. 커다란 풍력발전기를 설치하기 힘든 섬이나 오지에서도 요긴하게 쓸 수 있고요.

소형 풍력발전기 알파311은
작은 물레방아처럼 생겼어요.
자료 : https://alpha-311.com

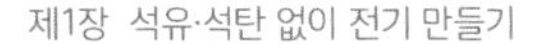

이런 것도 생각해 보기

풍력발전을 완전 친환경이라고 할 수 있을까?

풍력발전기 날개에 부딪혀 죽는 새들이 많다고 들었어요. 미국에서는 한 해 수십만 마리나 된다고 하던데…. 생태계에 피해를 주는데 친환경이라고 할 수 있을까요?

좋은 질문이야. 그래서 새들이 부딪히지 않도록 발전기 날개에 검은 칠을 하는 등 다양한 방법을 사용해서 노력하고 있어. 하지만 아직은 완전한 해결책을 찾지 못했어. 날개가 돌아가는 소음도 커서 다른 동물들에게도 문제가 되고. 어떤 문제가 더 있는지 알아볼까?

고래나 돌고래 등의 해양 포유류는 서로 의사소통을 저주파로 하기 때문에 풍력발전기 날개가 도는 과정에서 생긴 저주파에 민감해. 물은 공기보다 소리를 더 잘 전달하거든. 대표적인 예가 멸종 위기로 국제보호종으로 지정된 남방큰돌고래야. 제주도에서는 한림읍 부근에 가장 많이 살고 있었는데 해상풍력지구가 들어서고 나서 부근의 돌고래가 사라졌대. 다행히 한림읍에서 조금 떨어진 바다에서 관찰되기는 하는데 해상풍력지구 주변에는 얼씬도 하지 못한다고 해.

또 폐기물 문제도 있어. 풍력발전기 날개의 수명은 20~25년인데 크기가 아주 크면서도 가볍고 또 강도가 높아야 해. 그래서 유리섬유나 탄소섬유 그리고 에폭시나 폴리에스터 등 열에 강한 플라스틱을 주로 쓰지. 문제는 수명이 다한 날개를 처리할 방법이 난감하다는 거야. 현재는 땅에 묻는 것 말고는 별다른 방법이 없거든. 태우면 환경 오염 물질이 다량 발생하고, 재활용하려고 해도 비용 문제가 있고. 또 풍력발전기를 제작하는 과정에서도 많은 양의 이산화탄소가 발생하는 문제도 여전히 있고.

새로운 개념의 풍력발전기가 개발되고는 있지만 대규모 풍력발전은 날개형에 의지할 수밖에 없어. 아직은 모두에게 만족할 만한 기술적 해결책이 나오진 않았어. 이처럼 새로운 기술은 기존 문제에 대한 해결책을 만들지만, 그 새로운 기술이 또 다른 문제를 낳기도 하지.

스마트한 에너지 저장과 활용

생산하는 전력량이 지역이나 시간별로 들쭉날쭉하면
기존과 같은 방식으로 전력을 조절하는 건 불가능해요.
그래서 지역별로, 시간별로 계속 발전량이 변하는
재생에너지의 조건에 맞는 똑똑한 송·배전망이 필요해요.
똑똑한 전력망은 어떤 걸까요?

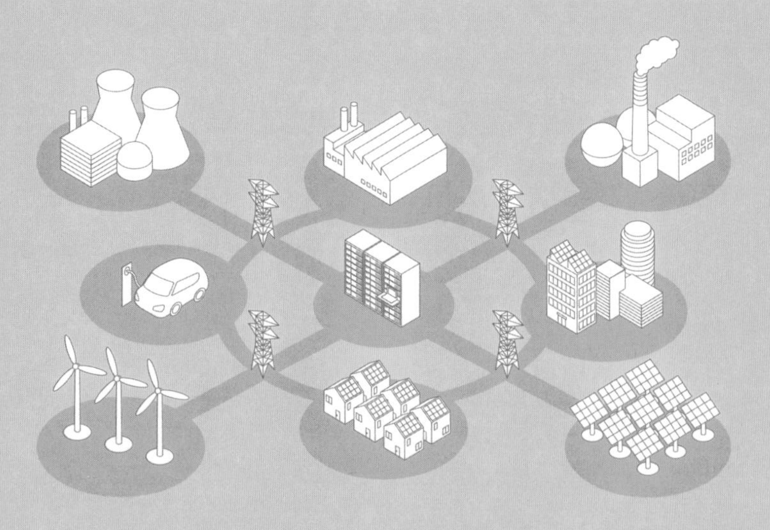

왜 쓰지 않는 전기를 만들까?

우리가 전원 스위치를 켜면 기다렸다는 듯이 바로 전기가 들어오죠. 전기가 이렇게 필요할 때 즉시 공급되는 건 정말 대단한 거예요. 전등이 늦게 켜지는 거야 기다리면 그만이지만, 병원이나 교통 신호등에서는 전기가 필요할 때 바로 공급되지 않으면 큰일이 날 테니까요.

전기는 미리 만들어서 저장했다가 공급하는 게 아니라 생산된 즉시 공급되는 특징이 있어요. 그런데 얼마만큼 소비할지 정확히 알 순 없잖아요. 그러니 항상 예상되는 소비량보다 한 20% 정도 더 많이 만들어요. 이를 '전력 예비율'이라고 해요. 그런데 보통 예상한 만큼 사용하게 되니 예비 전력 대부분은 버리게 되죠. 아깝지만 어쩔 수 없어요. 그런데 만약 예비 전력 없이 딱 맞게 공급하고 있는 상황에서 발전소가 한두 곳이라도 멈춘다면요? 당연히 전력 생산이 소비량보다 적어지죠. 이러면 대형 병원이나, 인터넷 데이터 센터 등 필수 기관에 전기를 우선 공급하고 나머지는 지역별로 돌아가며 전기를 끊어야 해요. 이를 순환정전이라고 합니다.

예를 들어볼게요. 2011년 9월 15일에 실제 일어난 일이에요. 늦더위가 찾아와 전기 소모량이 예상보다 훨씬 많았죠. 거기다 화력발전소가 사고로 서버렸어요. 순환정전이 시작되자 엘리베이터에 사람이 갇히고 공장 기계가 멈춰 원료가 굳었어요. 병원에선 수술이 중단되었고요. 그러니 아까워도 예비 전력을 항상 만들 수밖에 없어요.

멈춰 있는 발전소가 있다고?

사람들이 활동하는 낮이 밤보다 전기 사용량이 당연히 많겠죠. 폭염이 계속되는 한여름 낮에는 에어컨을 더 많이들 켜요. 한여름 낮에 전기 소비량이 가장 많아지지요. 그래서 발전계획을 세울 때는 한여름 낮 시간대를 기준으로 잡아요. 예상 전력 소비량에 전력 예비율을 더하죠. 또 발전소가 갑자기 고장 날 것도 고려해 여유를 더 두죠.

예를 들어 우리나라 여름 순간 최대 전력 소모량이 10GW(기가와트)라면 여기에 예비율 20% 정도를 더해 최대 전력 생산량은 12GW가 됩니다. 그리고 발전소 중 정지한 곳이 생길지 모를 거라는 전제 아래 실제 발전소는 15GW를 만들어낼 수 있을 만큼 짓는 거지요. 그러니 3GW 정도 되는 발전소들은 멈춰 있는 경우가 대부분이에요. 게다가 낮보다 밤, 여름보다 겨울엔 전기 소모량이 더 적어요. 이때는 전국의 발전소 중 절반 정도가 서 있기도 하죠.

왜 고압으로 전기를 보낼까?

전기는 발전소에서 소비처로 전선을 통해 전달하는데 이 과정은 크게 송전과 배전으로 나뉘어요. 먼저 발전소에서 몇십만 볼트로 전압을 높여 고압 송전선으로 전달합니다. 이 과정을 '송전'이라고 해요.

전력 = 전압 X 전류
전압 = 전류 X 저항
손실 전력 = (전류 X 저항) X 전류
= 전류^2 X 저항

전압을 높이는 건 전력 손실을 줄이기 위해서예요. 전선에선 **저항** 때문에 **전력**이 **손실**되는데 그 양은 **전류**의 제곱에 비례하죠. 따라서 전압을 높이고 전류를 낮추는 것이 유리합니다.

그런데 가정에서 사용하는 전압은 220V예요. 그러니 사용처 주변에서 전압을 낮춰야 해요. 이를 담당하는 것이 변전소입니다. 이렇게 전압이 낮아진 전기를 공급하는 과정을 '배전'이라

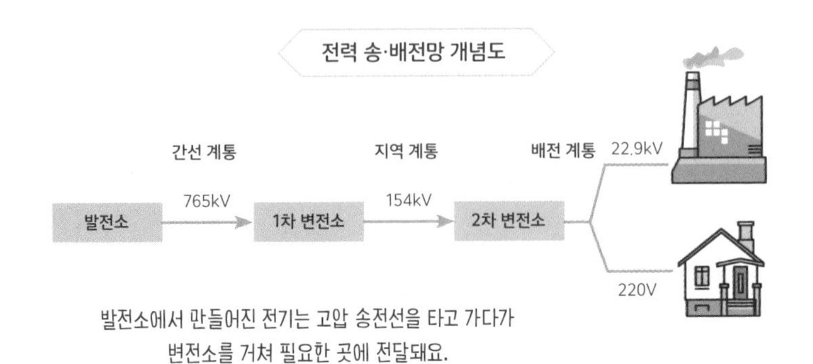

발전소에서 만들어진 전기는 고압 송전선을 타고 가다가
변전소를 거쳐 필요한 곳에 전달돼요.

고 해요.

이 정도도 복잡하지만 앞으로 만들어야 송·배전망은 훨씬 더 복잡해요. 현재 우리나라의 기본적인 전력 수요를 담당하

는 석탄발전소와 원자력발전소는 모두 합해 100개가 안 돼요. 여기에 사용량이 늘어나면 추가로 액화 천연가스인 LNG 발전소를 가동해요. 이런 대형 발전소를 중심으로 전국으로 뻗어나가는 송·배전망을 '중앙집중형 전력수급 시스템'이라고 해요. 전 세계 대부분이 이렇게 전기를 공급합니다. 비용도 덜 들고 구조도 단순하고 대형 발전소를 가동하기에 적합한 모델이에요.

분산 전원이 뭐야?

하지만 재생에너지가 확대되면 이런 구조는 불가능해요. 전국에 수만 개의 태양광발전소가 생기고 해양 풍력발전소도 수

십 곳이 들어서죠. 발전소가 훨씬 많아져서 이전보다 더 복잡하고 정교한 전력망이 필요합니다.

그 대안이 '분산 전원'이에요. 지역마다 독자적으로 전기를 생산하고 저장하며 소비하는 방식이지요. 우선 지역마다 풍력발전소나 태양광발전소, 수전해기, 전기자동차 충전소, 에너지 저장 장치 등 전기를 만들고 저장하는 시설을 만들어요. 그리고 주변의 수요처와 이들 설비를 연결하는 전력망을 구축합니다.

이러면 대규모 발전소와 장거리 송전망이 많이 필요하지 않아요. 장거리 송전 과정에서 손실되는 에너지도 적지요. 중앙 집중형의 경우 한 곳에서 문제가 생기면 광범위한 지역에 정전 사태가 일어나죠. 그러나 분산 전원에서는 사고가 생겨도 그 지역에서만 문제가 일어나고 주변의 다른 분산 전원에서 전력을 공급할 수 있어 사고 대처도 더 수월합니다.

송·배전망이 똑똑해져야 한다고?

하지만 발전소 대부분을 차지할 태양광과 풍력은 날씨에 따라 발전량이 변하고, 꼭 필요할 때 필요한 양의 전기를 만들지 못하죠. 그래서 에너지 저장 장치나 소규모 가스터빈 발전소 등이 분산 전원 안에 있어야 합니다.

또 호남지역에는 비가 오고 경상지역에는 햇볕이 쨍쨍하다

스마트 그리드 개념도

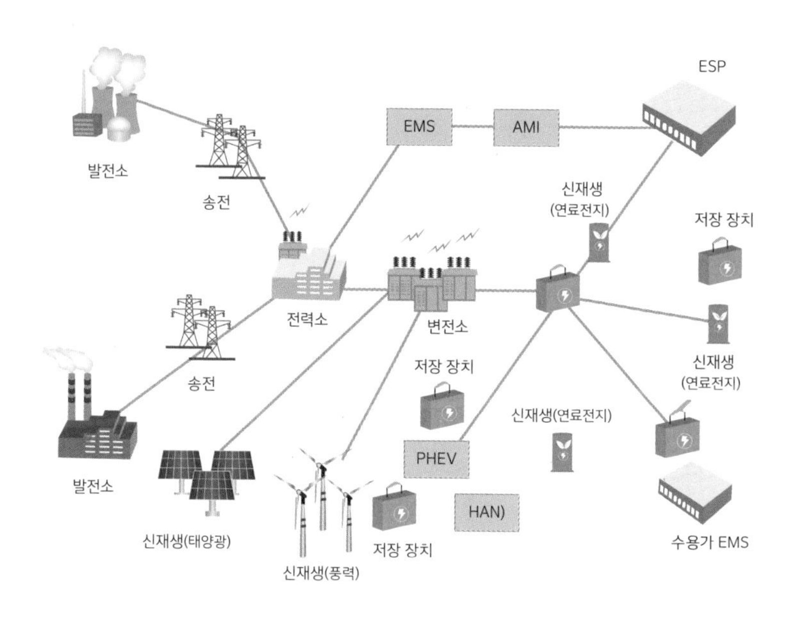

면 어떻게 될까요? 전기를 많이 생산하는 경상지역에서 호남지역으로 전력을 공급해야죠. 반대로 경상지역에 비가 오고 호남지역이 맑다면 이제 전기가 반대 방향으로 제공되어야 하죠. 전력망이 할 일이 많아져요.

원자력과 화력발전 위주인 지금은 소비량에 따라 LNG 발전소를 가동하거나 중지하는 방식으로 생산량을 조절해요. 그러나 재생에너지는 전력량이 들쭉날쭉하니 기존 방식으로는 불가능합니다. 계속 변하는 재생에너지 전력량 조건에 맞는 새로운 송·배전망이 필요해요. 이런 새로운 개념의 송·배전망을 '스마트 그리드(smart grid)'라고 합니다.

우선 각 가정과 회사 등의 계량기를 스마트 계량기로 바꿔 실시간으로 수요를 측정합니다. 매 순간 사용하는 전력량 정보를 전기 공급 회사(우리나라는 한국전력이지요)에 보내면 이를 토대로 공급량을 지역별로 조정할 수 있어요. 또 이 스마트 계량기를 이용해 앞으로는 각 가정의 전기제품 사용을 전력 공급 회사가 제어할 수도 있어요. 한여름 낮에 전기 사용량이 급격히 올라가면 가정의 에어컨 설정 온도를 20℃에서 22℃로 올린다든지 전등의 밝기를 조금 줄인다든지 하는 식으로요. 발전량을 늘리는 것이 아니라 소비량을 줄이는 거죠.

실시간으로 전기 사용량을 점검하면 시간대별로 전기 요금이 달라질 수도 있어요. 전기 사용량이 많은 시간대는 1kW에 1,000원, 사용량이 적을 때는 1kW에 500원 이런 식으로요. 그러면 전력 사용량이 적을 때 세탁기를 돌리고 전기자동차를 충전하는 식으로 분산되어 전기 사용량을 고르게 만드는 효과를 볼 수 있어요.

또 전국의 수많은 태양광이나 풍력발전소의 시간당 발전량을 점검해서 수요와 공급이 맞도록 조절하고, 적절한 양의 전

스마트 계량기 개념도

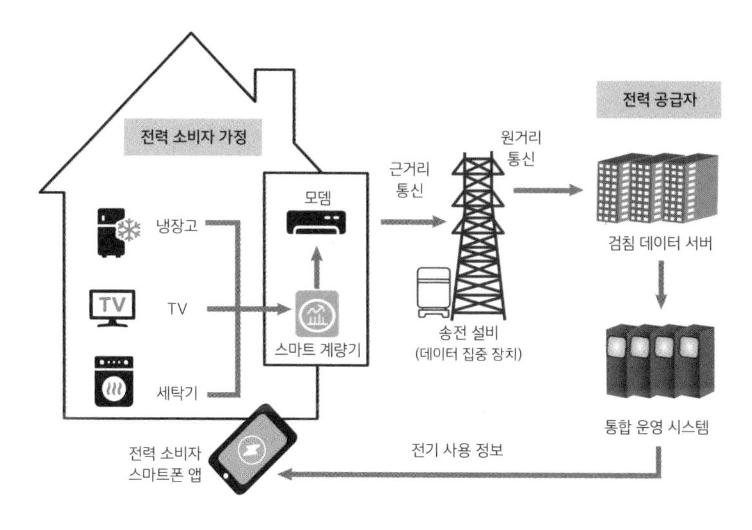

스마트 계량기를 사용하면 전력 공급 회사가 전력 소비자 가정의 전기제품 사용을 제어할 수 있고 소비자는 스마트폰 앱으로 알람을 받을 수 있어요.

기를 공급하는 것도 스마트 그리드가 처리해요. 각지에서 만든 전기를 어떤 장치에 저장할지도 스마트 그리드가 처리해야 할 일입니다. 수많은 발전소와 기타 저장시설 그리고 수요처에서 보내오는 엄청난 데이터를 매 순간 처리하면서 적절한 대처를 하는 건 사람이 도저히 할 수 없어요. 그래서 스마트 그리드에도 인공지능이 필수적인 요소로 꼽히고 있습니다.

이런 것도 생각해 보기

스마트 계량기의 두 얼굴?

스마트 계량기가 좋기만 한 걸까요? 우리 집에 있는 모든 전기제품이 어떻게 움직이고 있는지를 외부에서 다 알게 되는 거잖아요. 안방 전등이 켜졌는지, 거실 TV가 꺼졌는지, 내가 PC를 켜놓고 있는지 등…. 누군가 그런 걸 다 안다고 생각하면 기분이 오싹해져요.

그래서 미국이나 서유럽에서는 스마트 계량기 도입을 반대하는 주민도 있어. 아직은 개인정보 보호나 유출 문제를 어떻게 처리할지 불확실하니까.

이런 문제 말고도 다른 문제도 있을 수 있어. 스마트 계량기를 통해 전기 소비량이 많은 시간의 단위 전력당 전기 요금을 올리고 소비가 적은 시간대의 전기 요금을 낮추는 것도 문제가 될 수 있어.

전기 사용량이 늘어나는 시간은 대개 한여름 낮 몹시 더울 때잖아. 이렇게 가장 더울 때 전기 요금이 올라가면 누가 가장 큰 피해를 보게 될까? 대부분 저소득층 사람일 거야. 단열이 잘 안돼서 외부 온도에 따라 실내 온도가 마구 올라가는 낡은 집에 사는 사람들, 이상 기온으로 너무 더운 날인데도 전기 요금이 부담돼서 에어컨을 켤 수 없는 사람들처럼 취약한 환경에 속한 사람들일수록 그 피해가 더 클 수 있어. 더구나 노약자는 폭염이나 강추위에 더 위험하잖아.

전기나 가스, 수도 등은 집이나 음식과 마찬가지로 현대에는 사람이 살아가는 데 필수적인 요소야. 그런데 환경적 차이로 전기를 제때 쓸 수 없다면, 이용할 수 있는 계층과 그렇지 못한 취약할 계층이 있다면 이것 또한 심각한 불평등 문제가 아닐까? 전기 사용과 같은 문제로 사회적 격차가 생기지 않고 대다수 시민이 안전하고 편안한 환경에서 살 수 있도록 에너지 접근성을 함께 고민할 필요가 있어.

CO_2
반도체가
이렇게 전기를
많이 쓰는거였어?
CO_2
저장탱크

이산화탄소 배출 제로에 도전하기

미래형 탄소 억제 기술

뭐하는 거야?
읏챠
허잇차

이산화탄소는 무겁대! 땅 파서 묻으려고.
음..

좋은 생각이긴 한데, 얼마나 파면 될 것 같아?

글쎄, 사흘쯤?
어림도 없지!
3!
땡!

하지만 이산화탄소를 모은 다음 저장하거나
포집
CO_2
CO_2
CO_2
CO_2
저장
CO_2
깊은 바다 속에 넣어두는 방법은 실제로 사용되는 방법이야.

역시!
난 틀리지 않았어!

GO!
GO!
아니.. Stop. STOP!

이산화탄소를 줄이는 또 다른 방법은?

재생에너지 발전은 이산화탄소 발생량을 줄이는 가장 중요한 요소입니다. 하지만 발전 부문은 전체 이산화탄소 발생량의 30% 정도만 차지해요. 나머지 70% 중 가장 많은 양을 차지하는 것은 산업 부문에서 발생하는데 35% 정도입니다. 산업 부문에서도 온실가스가 가장 많은 곳은 제철산업, 시멘트산업, 석유화학산업, 플라스틱산업 등이에요. 이곳에서 이산화탄소가 많이 발생하는 이유는 두 가지예요. 우선 철과 시멘트, 플라스틱 등은 우리 일상 곳곳에서 아주 많이 사용하다 보니 생산량도 매우 많죠. 그만큼 온실가스도 많이 나옵니다.

다음으로는 이들 산업이 모두 고온에서 작업하기 때문에 에너지가 많이 들어가는데 특히 석탄을 연료로 많이 사용해요. 가장 싸기 때문이지요. 화석연료에는 석유, 석탄, 천연가스 등이 있는데 그중에서도 석탄이 같은 열에너지를 낼 때 가장 많은 이산화탄소를 내놓습니다. 그러니 이런 산업에서 이산화탄소가 많이 발생할 수밖에 없죠. 이 외에도 알루미늄제련산업, 제지산업, 광업 등 다양한 산업에서도 이산화탄소가 나와요. 그런데 이산화탄소가 나온다고 이들 산업을 모두 멈춰 세울 순 없어요.

20세기 말부터 부쩍 성장 중인 산업이 있어요. 바로 정보통신 및 전자산업이지요. 매년 이전보다 더 많은 제품이 생산되다 보니 이산화탄소 발생량도 계속 증가하죠. 특히나 반도체 같은 경우 예전에는 관련 없던 가전제품이나 자동차 분야에서도 계속 사용량이 늘고 있어요. 물론 원래부터 많이 쓰이던 개

인용 컴퓨터나 서버 컴퓨터, 휴대폰, 태블릿 등에서도 사용량이 늘어나고 있고요. 또 전자제품은 사용 중에 전기를 계속 사용하게 되는데 이때도 이산화탄소가 발생합니다. 그러니 제품을 사용할 때 소비되는 전기를 줄이는 것도 이산화탄소를 억제하는 데 도움이 되죠.

이산화탄소를 어떻게 모아서 버릴까?

하지만 아무리 소비를 억제한다고 하더라도 이산화탄소 발생을 완전히 억제하기는 힘들어요. 그래서 고민하는 것이 이 산업 현장에서 발생하는 이산화탄소를 대기 중으로 빠져나가지 않게 모아 저장하는 기술이에요. 탄소 포집 저장 기술 또는 이산화탄소 포집 저장 기술이라고 합니다.

이제부터 이런 다양한 이산화탄소 포집 저장 기술에는 어떤 것들이 있는지 살펴보겠습니다.

이산화탄소 포집 저장 기술

화력발전소만이 아니라 제철, 석유화학, 시멘트산업처럼
제품을 만드는 과정에서도 이산화탄소가 발생해요.
그렇다고 공장을 닫을 수는 없지요.
이런 이산화탄소를 거둬들여 필요로 하는 곳에 이용하고
나머지는 안전하게 저장하는 기술이 있대요.
이산화탄소 포집 저장 기술은 어떤 걸까요?

이산화탄소 때문에 공장 문을 닫아야 할까?

제철산업, 석유화학산업, 시멘트산업의 경우 제품을 만드는 과정에서도 이산화탄소가 발생합니다. 제철산업은 산화철인 철광석에서 산소를 분리하는 공정이 핵심인데, 이때 석탄을 사용해서 이산화탄소가 아주 많이 나오죠. 석유화학산업은 석유를 아주 높은 온도에서 분리 가공해 플라스틱 원료를 만드는데 이 과정에서 석유 일부가 메테인이나 이산화탄소로 빠져나와요. 시멘트를 만드는 원료는 석회석이죠. 석회석은 탄산칼슘이고 시멘트는 여기서 이산화탄소를 떼어낸 나머지, 즉 산화칼슘이에요. 역시 이산화탄소가 발생하지요. 그렇다고 철강, 석유화학, 시멘트 회사들 문을 닫으라고 할 수도 없어요. 물론 이들 산업에서도 온실가스가 나오지 않도록 신기술이 개발되어야 하겠지만 아직은 시간이 필요합니다.

굴뚝에서 이산화탄소를 잡는다고?

그래서 많은 이가 관심을 가지고 연구하는 것이 이산화탄소 포집·이용·저장 기술이에요. 이산화탄소가 발생할 때 이를 거둬들여(포집) 필요로 하는 곳에 이용하고 나머지는 대기 중으로 빠져나가지 않도록 안전하게 저장하는 기술이죠.

우선 이산화탄소가 빠져나가지 않게 잡아 가두는 것이 중요합니다. 이런 걸 포집이라고 해요. 현재는 크게 연소 후 포집 기술과 연소 전 포집 기술, 연소 중 포집 기술 등 세 가지로 나누고 있어요.

'연소 후 포집'은 주로 화석연료를 사용하는 곳, 즉 석탄발전소 등에서 주로 사용되죠. 대표적인 것은 화학 흡수 기술이에요. 먼저 이물질을 필터로 걸러낸 다음 남은 가스 중 수증기를 액화시킵니다. 그다음 에탄올아민 같은 액체 물질에 통과시키면 질소는 빠져나가고 이산화탄소만 결합해요. 수십 년 전에 개발되어 현재 발전소나 이산화탄소가 다량 발생하는 공장 등에서 사용하고 있어요.

화학 흡수 기술 말고 물리적 분리 기술도 있어요. 숯처럼 표면에 아주 작은 구멍이 많은 물질을 이용하는 방법으로, 활성탄이나 금속 산화물 혹은 제올라이트 등을 이용하지요.

이산화탄소 포집·이용·저장 기술 개요도

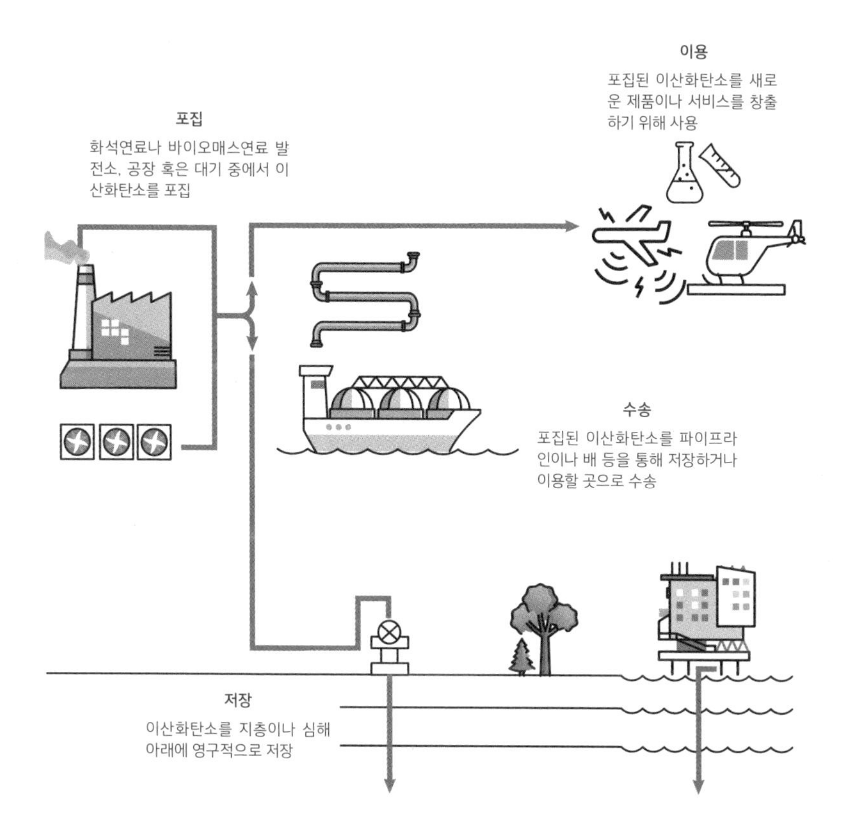

탄소 포집의 신기술은 뭐지?

그러나 이 방법들은 에너지와 비용이 많이 들어요. 그래서 다양한 신기술을 연구하고 있는데 대표적인 것으로 '순산소 분리 기술'이 있어요.

화석연료를 태울 때는 산소가 필요하죠. 지금까지는 산소를 공급하기 위해 공기를 이용했어요. 하지만 공기는 질소가 3분의 2 정도 차지해 배기가스에도 여전히 질소가 있어요. 순산소 분리 기술은 공기 중의 질소를 미리 분리·제거해 거의 순수한 산소만으로 연료를 태우는 거예요. 그러면 배기가스에는 질소는 없고 수증기와 이산화탄소만 남아요. 여기서 수증기만 액화시키면 고순도의 이산화탄소를 얻을 수 있게 되는 거지요. 석탄 화력발전소와 시멘트 공장에서 시범적으로 운영 중이에요.

두 번째는 아주 가늘고 긴 호스 모양의 분리막을 이용하는 기술입니다. 배기가스가 분리막 안쪽을 통과할 때 이산화탄소는 분리막 바깥으로 빠져나가지만, 질소는 나가지 못해서 자연히 나뉘지게 되죠. 바이오가스나 합성가스에서는 이미 사용되고 있고, 석탄발전소용 분리막 기술은 개발 중이에요. 에너지가 거의 들어가지 않기 때문에 비용이 굉장히 낮고 오염 물질을 만들어내지 않는 장점이 있어요. 하지만 아직은 효율이 높지 않아 개선이 필요해요.

순산소 분리 기술

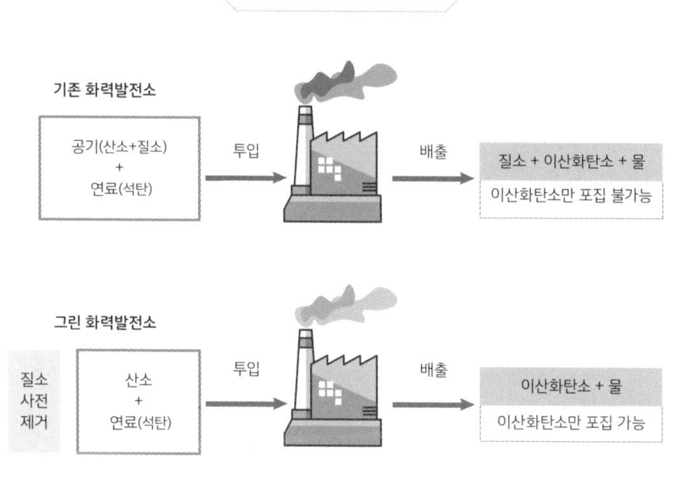

이 외에 칼슘을 이용한 방법도 있습니다. 생석회(CaO)가 들어 있는 반응기에 배기가스가 통과할 때 이산화탄소가 생석회와 결합하여 탄산칼슘을 만듭니다. 질소는 그냥 빠져나가고요. 이 탄산칼슘을 고온으로 가열하면 다시 소석회와 이산화탄소로 분리되지요. 이 소석회는 다시 첫 번째 반응기로 옮겨 재사용할 수 있어요. 주로 시멘트 회사에서 사용하게 되죠.

모아놓은 이산화탄소를 어떻게 이용할까?

이렇게 모은 이산화탄소는 다른 용도로 활용하거나 아니면

한국전력연구원이 개발한 이산화탄소로 메테인을 만드는 방법

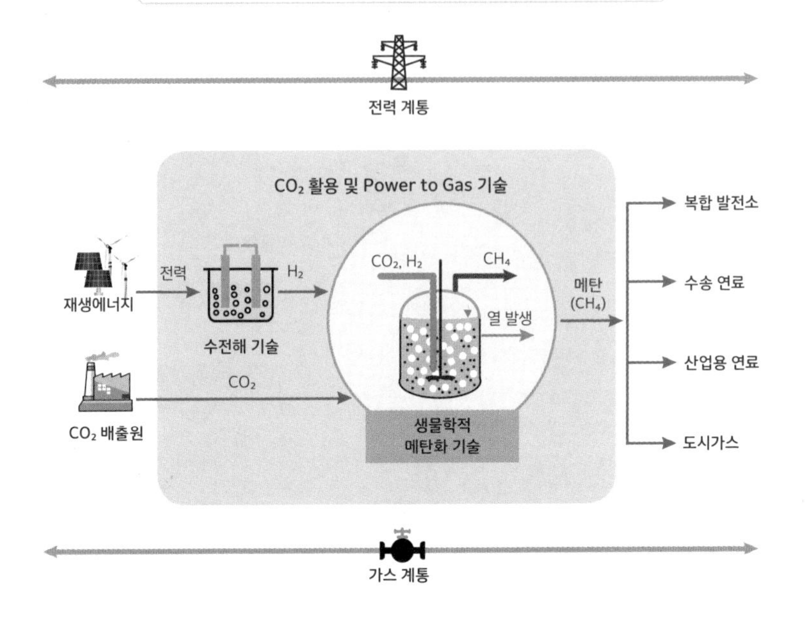

영구히 저장하게 됩니다. 활용하는 방법의 하나는 연료를 만드는 거죠. 재생에너지로 생산한 수소와 이산화탄소를 합성해 메테인을 만드는 거예요.

우리나라에서는 2020년에 미생물을 이용해 메테인을 만드는 기술 개발에 성공하고 산업 현장에서 사용이 가능한지를 확인하고 있습니다. 또 기초과학연구원에서는 빛을 이용해 화학반응을 촉진하는 광촉매를 개발 중이에요. 이 경우 이산화

탄소와 물로 메테인이나 에테인을 만들 수 있어요. 하지만 이런 메테인이나 에테인을 사용하면 다시 온실가스가 발생하는 문제가 있어요. 그리고 물과 이산화탄소로 산소와 포도당을 만드는 광합성을 이용하는 방법도 연구하고 있습니다. 물속에 사는 조류(식물성 플랑크톤이나 미역, 김 등 물에 사는 광합성 생물)에 이산화탄소를 공급해서 광합성을 시키는 거죠.

에틸렌 카보네이트는
리튬이온 배터리의 전해질 용액
등으로 사용되는 물질이에요.
폴리우레탄은 합성섬유의 하나인
스판덱스를 만드는 원료로 매트리스,
스펀지 등의 공기 방울을
포함한 물질로도 사용되며
페인트 원료로도 쓰여요.

또 이산화탄소로 **에틸렌 카보네이트**나 **폴리우레탄**과 같은 고분자 물질을 만들 수도 있어요. 일본의 아사히카세이라는 회사가 에틸렌 카보네이트를 만드는 데 성공해서 제품화했어요. 독일의 코베스트로라는 회사는 폴리우레탄 합성에 성공했고요. 우리나라는 그린케미칼이란 회사가 알킬렌 카보네이트를 만들었고, SKI는 폴리프로필렌 카보네이트를 합성하는 데 성공해서 상용화 직전에 있어요. 알킬렌 카보네이트와 폴리프로필렌 카보네이트는 폴리카보네이트의 일종으로 광학재료나 건축자재의 원료로 사용돼요.

기체인 이산화탄소를 어떻게 저장할까?

그러나 포집된 이산화탄소 중 많은 양은 활용이 불가능하거나 가능하더라도 별로 도움이 되질 않아요. 이런 경우 대기 중으로 빠져나가지 않게 저장합니다. 우선 아주 높은 압력으로 액화시킵니다. 이 액체 이산화탄소를 저장할 수 있는 곳은 따로 에너지를 공급하지 않아도 높은 압력 상태가 유지되는 장소라야 하죠. 지하 800m보다 깊은 곳에선 지층의 압력에 의해 이산화탄소가 액체 상태를 유지할 수 있어요. 이를 지중저장이라고 합니다.

물론 새어 나오지 않을 곳에 묻어야지요. 석유나 천연가스가 매장되었던 곳이 좋습니다. 석유나 천연가스가 오랫동안 묻혀 있었다는 것은 다른 곳으로 새지 못했다는 뜻이니 이산화탄소도 빠져나가지 않아요. 하지만 우리나라의 경우 이런 장소가 거의 없어요.

대안으로 '심부 대염수층'에 이산화탄소를 밀어 넣는 방법이 가장 유력해요. 심부는 지하 깊은 곳, 대염수층은 소금이 녹아 있는 지하수층을 말합니다. 다시 말해 심부 대염수층은 지하 깊은 곳에 소금물이 있는 장소입니다.

지하수가 있다는 건 물이 다른 곳으로 빠져나가지 못한다는 뜻이니 이산화탄소 또한 빠져나가지 못해요. 소금이 녹아 있으

셰일가스 시추 방식과 이산화탄소 포집 및 저장법 비교

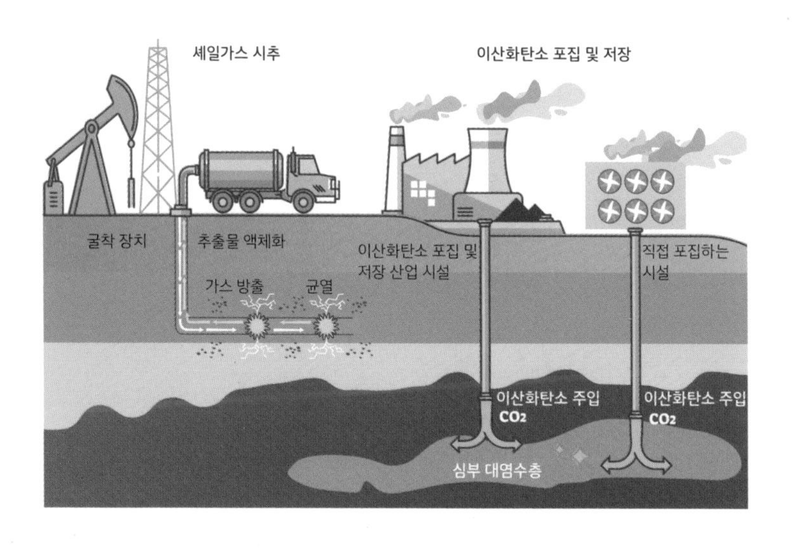

니 마시거나 농사용으로 쓸 수도 없지요. 그리고 깊은 곳이니 압력이 높아 이산화탄소가 기화되지도 않습니다. 이런 곳은 우리나라에도 여럿 있어요.

또 하나 지하 아주 깊은 석탄층에 주입할 수도 있어요. 이산화탄소는 석탄의 아주 작은 구멍에 흡착되어 안정적으로 자리를 잡을 수 있죠. 그 외에도 반응성이 높은 암석층에 이산화탄소를 주입하면 화학반응을 통해 광물이 되므로 이를 이용하려

이산화탄소 직접 포집 기술

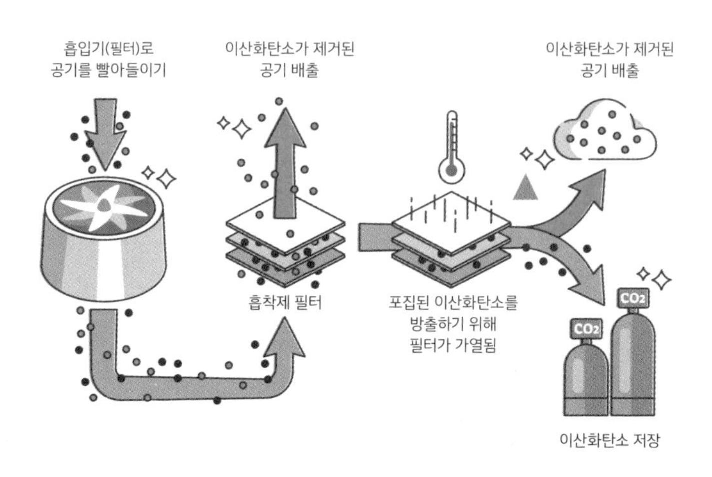

는 연구도 활발해요.

마지막으로 공기 중의 이산화탄소를 직접 포집하는 기술(DAC, Direct Air Capture)이 있어요. 흡입기로 공기를 빨아들인 뒤 흡착제가 있는 필터로 이산화탄소만 모아요. 대표적인 기업이 스위스의 클라임웍스로 아이슬란드에 건설 중인 공장에서는 이렇게 모은 이산화탄소를 탄산염광물로 바꾼 뒤 이를 지하에 묻을 예정이에요. 공기 중의 이산화탄소를 포집해서 묻어버리면 그만큼 이산화탄소 농도가 낮아지니 이 또한 의미가 전혀 없지는 않지요.

그런데 여기서 의문이 하나 듭니다. 이 회사는 이산화탄소를 묻어버리니 팔 수 있는 제품이 없습니다. 어떻게 운영되는 걸까요? 이 회사는 각국 정부와 기업에 이 공장과 같은 시스템을 팔고 있습니다. 그리고 또 하나, 기업에 이산화탄소를 제거한 증명서를 파는 거지요. 이 증명서를 산 회사나 국가는 그만큼 자신들의 기업에서 이산화탄소를 배출해도 되는 권리를 가지게 됩니다. 독일의 자동차 회사 아우디와 미국의 스트라이프 등이 이 회사와 계약을 체결하기도 했어요.

이런 것도 생각해 보기

이산화탄소 포집 기술이면 무조건 OK?

대기 중으로 날아가는 이산화탄소를 메테인이나 에테인으로 바꾼 다음 사용할 때 이산화탄소가 또 생기잖아요. 그러면 이산화탄소 발생량을 줄이려는 처음의 목적에는 별 효과가 없을 수도 있잖아요?

사용 과정에서 또 사용 후 폐기 과정에서 이산화탄소를 발생시키는 것은 맞아. 이산화탄소 발생 시기를 늦추는 거지 아예 없애는 건 아니니까. 그렇다고 이런 기술이 의미가 없을까? 어차피 사용해야 한다면 석유나 천연가스를 이용하는 것보다 배출된 이산화탄소를 재활용하는 편이 더 좋은 거지.

하지만 이는 '어차피'라는 단서가 붙어. 이산화탄소가 배출되는 메테인 같은 연료 대신 재생에너지를 이용하는 것이 기후 위기에는 훨씬 더 적극적인 대응이 될 거야.

물론 비상시를 대비하여 LNG 발전소를 준비하는 것은 당분간 필요하겠지만, 이 또한 수전해 기술을 전제로 수소발전소로 바꾸는 것이 궁극적인 목표가 되어야 해. 그리고 폴리우레탄이라든가 에틸렌 카보네이트 등의 고분자 화학 물질도 이산화탄소 발생이 없거나 최소화된 대체재를 개발하는 것이 더 좋은 방법이겠지.

반면 이산화탄소를 이용해 친환경 시멘트 등 건축 자재로 재활용하는 건 다르지. 이런 건축 자재는 오랫동안 이산화탄소를 보관할 수 있으니 꽤 좋은 방법이야. 그 장단점은 기술이 어떻게 발전하느냐에 따라서 다르겠지. 그렇지만 포집된 이산화탄소를 활용해 다른 연료나 원료를 만드는 것보다는 아예 반영구적으로 묻어버리는 저장 방법이 이산화탄소 발생량을 줄이는 데는 더 좋다는 주장이 나오는 이유이기도 해.

여기서 또 하나 생각해야 할 것이 있어. 이산화탄소 포집 및 저장으로 줄어드는 이산화탄소의 양은 우리가 내놓는 이산화탄소에 비해 아주 적어. 세계 곳곳 공장 여기저기서 이산화탄소가 계속 나오는데 이산화탄소 포집 기술이 있다고 방심하면 안 돼. 그보다 더 중요한 것은 이산화탄소 발생 자체를 줄이고 없애는 노력이라는 점을 꼭 기억해야 해.

수소를 활용한 제철 기술

이산화탄소는 제품을 만드는 공장에서 가장 많이 나와요.
그중에서도 제철산업에서 특히 많이 나오죠.
만약 용광로에서 철광석을 녹일 때
석탄 대신 수소를 이용하면 어떨까요?
이산화탄소가 발생하는 대신 물이 나온다면요?

철을 만드는데 왜 이산화탄소가 많이 나오지?

이산화탄소 발생량이 가장 많은 분야는 나라마다 조금씩 다르지만 1, 2위를 다투는 건 전기를 만드는 발전 부문과 제품을 만드는 공장, 즉 산업 부문이에요. 둘 다 전체 발생량의 약 3분의 1가량을 차지하죠. 그리고 산업 부문 중에서 이산화탄소 발생량이 가장 많은 건 제철산업이에요. 우리나라는 전체 이산화탄소 발생량이 2018년 총 6억 8,639만t이었는데 포스코가 배출하는 양이 7,000~8,000만t으로 전체의 10%를 넘어요.

철을 만드는 과정에서 왜 이렇게 이산화탄소가 많이 발생하는 걸까요? 광산에서 캐낸 철은 철광석, 즉 산화철(Fe_2O_3) 상태입니다. 우리가 쓰는 철로 만들려면 산소를 제거해야 해요. 이를 위해선 먼저 철광석을 구워서 덩어리인 소결광으로 만드는 과정(소결 과정)과 역청탄(일종의 석탄)을 구워서 덩어리인 코크스

철을 만드는 과정

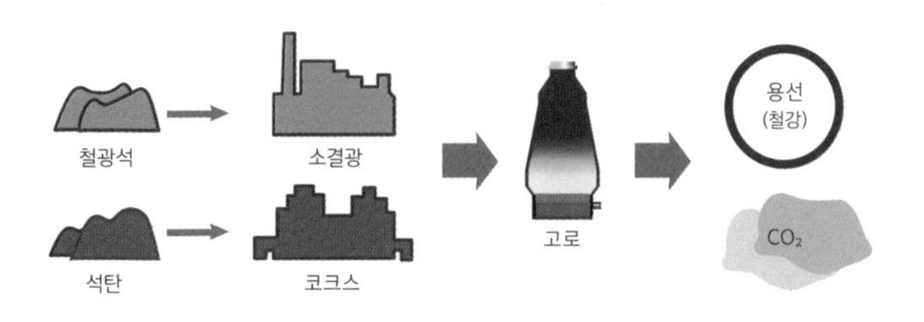

철광석(Fe_2O_2) + 석탄(C) = 철강(Fe) + 이산화탄소(CO_2)

로 만드는 과정(화성 과정)이 필요해요. 여기에도 에너지가 많이 소비되죠. 현재 포스코는 용광로에서 만들어지는 가스를 이용해서 약 60% 정도를 자체적으로 해결하고 있어요.

이제 용광로 위쪽에 소결광과 코크스를 켜켜이 쌓아요. 그리고 아래에서 아주 고온의 바람을 불어넣죠. 높은 온도에서 소결광이 녹아서 액체 상태가 되고 코크스는 불이 붙습니다. 이때 철광석의 산소를 뺏고 연소로 만들어진 일산화탄소도 다시 철광석의 산소를 뺏죠. 즉, 코크스는 철광석에서 산소를 뺏는 환원제 역할도 하면서 동시에 아주 높은 온도를 내게 하는 연료 역할을 하는 거예요.

그런데 이 코크스 성분은 거의 다 탄소예요. 이 탄소가 고온에서 산소와 만나 일산화탄소를 만들고 다시 철과 만나 산소를 뺏으니 당연히 이산화탄소가 만들어지지요. 이 과정을 화학 반응식으로 표현하면 $Fe_2O_3 + 3CO \rightarrow 2Fe + 3CO_2$입니다. 결국 용광로에서 철 1t(톤)을 만들 때 이산화탄소가 2t가량 나옵니다.

용광로는 하루 24시간, 일 년 365일 항상 불이 꺼지지 않고 계속 철을 만듭니다. 그러니 이산화탄소도 끊임없이 나올 수밖에요. 물론 철을 만드는 방법이 용광로를 사용하는 방식만 있는 건 아닙니다. 전기로라고 해서 전기를 사용해 철을 녹이기도 합니다. 하지만 전기로는 원료로 고철만 사용할 수 있어요.

이미 철로 만들어진 뒤 버려진 것만 수거해서 쓰고 철광석을 쓸 순 없어요. 하지만 필요한 철이 고철보다 항상 더 많아요. 전기로만 가지고는 필요한 철을 모두 생산할 수 없는 거지요. 또한 전기로는 만들 수 있는 종류가 용광로보다 적어요. 품질이 뛰어난 제품은 용광로에서만 만들 수 있다는 것이죠.

코크스 대신 수소로!

그렇다고 철을 만들지 않을 수도 없습니다. 자동차도 배도 아파트나 다리도 모두 철을 사용해 만들잖아요. 그래서 대안으로 나온 것이 수소를 환원제로 이용한 전기로입니다. 기존 전기로와 다른 점은 철광석을 사용할 수 있는 전기로라는 거예요. 일단 철광석을 녹일 때 석탄 대신 전기를 이용합니다. 물론 전기는 재생에너지로 만든 것으로 쓰고요. 그리고 철광석에서 산소를 떼어내는 데 석탄 대신 수소를 이용한다는 거지요.

수소는 생산 방식에 따라 그린, 그레이, 브라운, 블루 수소 등으로 구분해요. 그린 수소는 재생에너지로 만든 전기로 물을 전기분해 해 나온 거예요. 그레이 수소는 천연가스와 석유화학 공정에서 발생하는 수소이고, 브라운 수소는 갈탄과 석탄을 태워 나온 수소이고요. 블루 수소는 그레이 수소를 만드는 과정에서 발생한 이산화탄소를 포집하고 저장해 탄소 배출을 줄인 수소예요. 그래서 석탄 대신 이용하는 수소는 블루 수소나 그린 수소를 쓰지요. 이 방식을 수소환원제철이라고 합니다. 이렇게 철을 만들면 이산화탄소가 발생하지 않고 대신 물이 나와요. 이를 화학반응식으로 살펴보면 기존 용광로에서는 탄소가 고온에서 산소와 만나 일산화탄소(CO)를 만들어요. 이 일산화탄소와 삼산화이철($3Fe_2O_3$)이 만나 사산화삼철($2Fe_3O_4$)과 이산화탄소(CO_2)가 발생하죠. 일산화탄소와 이 사산화삼철을 반응

용광로를 이용한 작업과 수소환원제철 작업 비교

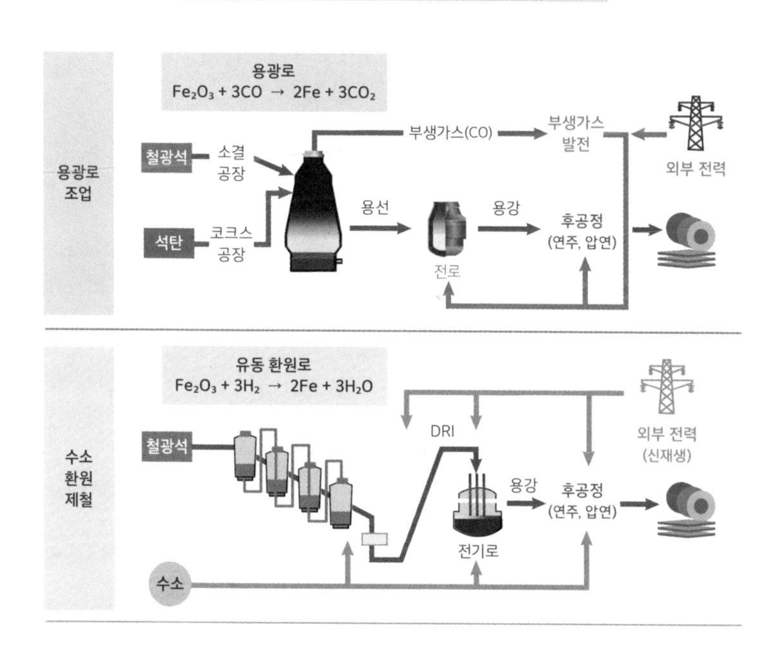

시키면 철과 함께 이산화탄소가 나와요. 하지만 수소환원제철 방식을 쓰면 수소와 삼산화이철이 반응하여 사산화삼철과 물(H_2O, 수증기)이 나옵니다. 이 사산화삼철과 수소를 다시 반응시키면 이때도 철과 함께 물이 나오죠. 화학식으로 다시 정리하면 아래와 같아요.

기존 용광로 방식

$$CO + 3Fe_2O_3 \rightarrow 2Fe_3O_4 + CO_2$$

$$4CO + Fe_3O_4 \rightarrow 4CO_2 + 3Fe$$

수소환원제철 방식

$$H_2 + 3Fe_2O_3 \rightarrow 2Fe_3O_4 + H_2O$$

$$4H_2 + Fe_3O_4 \rightarrow 4H_2O + 3Fe$$

그런데 중요한 문제가 있습니다. 현재 사용하는 석탄을 이용한 용광로는 수소환원제철에 이용할 수 없어요. 새 용광로를 만들어야 하죠. 포스코에서 사용하는 용광로는 하나 짓는데 5조 9,000억 원 정도가 들어갑니다. 포스코는 이런 용광로가 아홉 개니 합하면 53조 원이라는 돈이 필요해요. 엄청나지요.

또 하나 문제가 있어요. 기존 용광로는 용광로 자체에서 일산화탄소나 이산화탄소 등의 부생가스가 발생합니다. 그리고 이 부생가스를 이용해서 전력을 만들어요. 포스코의 경우 제철소에서 사용하는 전력의 73%를 이를 통해 해결합니다. 그런데 수소환원제철을 할 때는 부생가스가 거의 발생하지 않아요. 그러니 제철소에서 사용하는 막대한 전기를 발전소에서 공급해야 해요. 이 전기를 화석연료 발전소에서 만든다면 수소환원제철을 하는 의미가 줄어들겠지요. 따라서 재생에너지로 만든 전기가 더 필요해요.

마지막으로 수소 문제가 있어요. 사용할 양이 엄청 많은데 수소를 어떻게 공급하냐는 것이죠. 앞서 이야기한 것처럼 수소를 만드는 과정에서 이산화탄소가 나온다면 수소환원제철은 하나 마나가 되겠지요. 그래서 재생에너지를 이용해 물을 전기분해 해서 대량으로 수소를 만드는 시설 또한 확보해야 하죠.

이런 것도 생각해 보기

기업에만 모두 맡겨서 될까?

그런데 우리나라처럼 지금 잘 돌아가고 있는 용광로를 폐쇄하고 수소환원제철로 바꾸려면 비용이 더 많이 드는 거 아닌가요?

맞아. 한국을 비롯한 동아시아는 용광로 하나의 규모가 매우 크고 또 사용한 지 얼마 되지 않았어. 반면에 유럽과 미국의 제철 회사들은 용광로 규모가 작고 또 오래되어서 기존 용광로를 폐쇄하고 수소환원제철로 옮겨가기가 상대적으로 유리해.

간단한 예를 들면, 유럽은 작은 자동차를 사서 이미 50년을 타고 다녀 수명이 10년도 남지 않은 상태에서 전기자동차로 바꾸는 것이고, 한국은 큰 트럭을 사서 이제 겨우 20년 정도 탄 상황이라 아직 40년은 더 탈 수 있는데 이를 버리고 새 전기자동차를 사야 하는 상황인 거야. 따라서 한국의 제철기업은 상당한 손해를 볼 수밖에 없어.

회사는 감가상각이라는 것을 해. 가령 1조 2,000억 원짜리 용광로를 하나 지어 60년을 사용할 계획이면 매년 그 용광로에서 생산한 철강을 판 돈에서 200억 원씩을 모아 60년 뒤에는 1조 2,000억 원이 될 수 있도록 제품 원가에 포함하지. 유럽은 이미 50년 동안 이 비용을 모았고 한국은 이제 겨우 20년 모은 셈이야. 그런데 당장 새 용광로를 짓고 기존 공장을 없애게 되면 유럽은 2,000억 원만 손해를 보는데 한국은 8,000억 원의 손해를 보게 돼. 손해를 메우기 위해선 제품 가격을 높일 수밖에 없는데, 포스코가 우리나라에만 물건을 파는 게 아니라 전 세계를 상대로 철강제품을 파는데 유럽 회사보다 가격이 높으면 잘 팔리지 않겠지.

그렇다고 포스코 사정만 봐주면서 유럽보다 한 30년 늦게 수소환원제철을 하라고 할 수도 없고. 포스코가 이산화탄소를 많이 배출했으니 기후위기에 대한 책임이 있어. 그렇다고 기업에만 맡기면 답이 없어. 그래서 기업의 문제이기도 하지만 정부와 시민 사회가 이 문제를 어떻게 해결해야 할지 같이 고민하고 해결 방향을 마련해야 해.

낮은 에너지로 작동하는 반도체

반도체는 다양한 전자제품에 꼭 필요한 핵심 부품이에요.
인터넷 데이터 센터나 인공지능의 경우
한꺼번에 아주 많은 양의 반도체를 사용해야 하고요.
더 많은 반도체를 쓰면 더 많은 전기에너지가 필요해요.
하지만 전력 소모가 적고 저장 용량이 큰
반도체가 개발된다면 어떨까요?

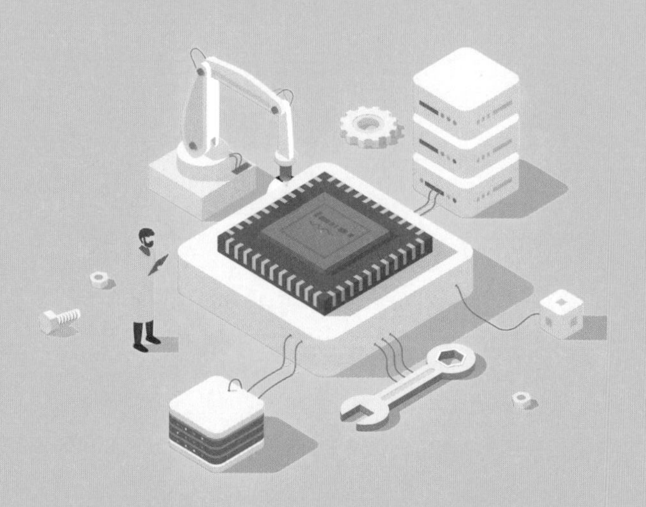

저전력 반도체가 중요한 이유

컴퓨터나 휴대폰 등 다양한 전자제품에서 핵심적인 부품으로 쓰이는 반도체는 시스템 반도체와 메모리 반도체 두 종류입니다. 시스템 반도체는 연산 제어 등 정보를 처리하는 기능이 있어요. 휴대폰 성능을 좌우하는 애플리케이션프로세스(AP), 사진촬영 기능의 핵심인 이미지 센서 등 휴대폰 하나에 적게는 10개에서 많게는 20개의 시스템 반도체가 들어가 있어요. 다른 전자제품에도 대부분 시스템 반도체가 필수적으로 들어가죠. 또 애플리케이션이나 사진, 음악, 동영상 등 다양한 데이터를 저장하는 메모리 반도체도 필수적입니다.

특히 인터넷 데이터 센터나 인공지능의 경우 아주 많은 양의 반도체를 사용합니다. 인터넷 데이터 센터는 우리가 사용하는 인터넷상의 각종 프로그램이 실제로 돌아가는 컴퓨터들(서버)

이 대규모로 모여 있는 곳이에요. 이 데이터 센터 내의 서버에는 각종 반도체가 빼곡히 들어가 있고 24시간 가동되면서 엄청난 양의 전기를 소모해요. 화력발전소 하나가 생산한 전기를 규모가 큰 데이터 센터 하나가 몽땅 써버리기도 하죠. 전 세계 데이터 센터들이 소비하는 전기는 세계 전체 전력 사용량의 1%에 해당하는데 그 비율이 매년 올라가고 있어요.

인공지능도 마찬가지입니다. 인공지능을 개발하기 위해서는 엄청난 양의 데이터를 통해 학습시켜야 하는데 이 과정에도 대규모의 전기가 필요합니다. 그러면 이산화탄소 배출량도 증가하고요. 가령 구글의 인공지능 언어 모델 트랜스포머의 경우 학습 과정에서 약 28만kg 이상의 이산화탄소를 발생해요. 자

동차 1만 대가 서울에서 대전까지 달리는 동안 내놓는 양과 비슷하죠. 따라서 데이터 센터와 인공지능 등에 사용되는 반도체의 저전력 기술은 기후 위기를 해결하는 데 아주 중요한 역할을 하게 됩니다.

저전력 반도체는 어떻게 만들까?

반도체의 대표적 저전력 기술은 전류가 흐르는 회로를 아주 가늘게 만드는 겁니다. 회로가 가늘어지면 전자가 이동하는 시간과 거리가 줄어요. 거리가 줄면 저항으로 낭비되는 전력도 줄죠. 전기를 덜 쓰게 되죠.

지난 몇십 년간 반도체 제조 회사들은 이 회로의 폭을 계속 줄여왔어요. 1971년 미국의 인텔이 처음 만든 시스템 반도체는 회로 폭이 10㎛(마이크로미터)였어요. 즉 10,000nm(나노미터)였는데 지금은 20nm에서 3nm 정도까지도 가능해요. 그리고 2020년대 말에는 폭을 1~2nm로 좁히는 기술을 개발하고 있습니다.

1㎛는 100만분의 1m이고, 1nm는 10억분의 1m예요. 참고로, 거미줄의 실 두께가 3~8㎛ 정도랍니다.

하지만 이렇게 가늘면 전류가 자꾸 회로 밖으로 새어 나갑니다. 마치 터널이 뚫린 것처럼 전자가 회로 바깥으로 순간 이동하는 거죠. 양자역학의 터널링 현상 때문입니다. 일상에서는

반도체 게이트 구조의 변화

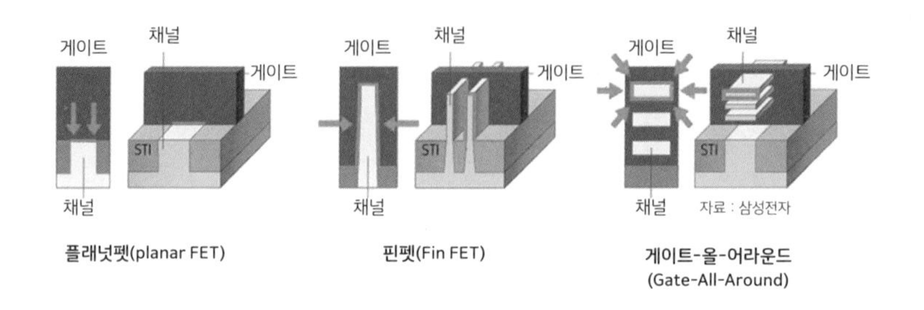

나타나지 않지만 나노미터의 아주 작은 세계에서는 자주 일어나는 현상이지요.

반도체의 핵심인 트랜지스터에는 가운데 게이트가 있어요. 이 게이트가 전류를 흐르게도 하고 막기도 해요. 일종의 스위치죠. 앞서 이야기한 새어 나가는 전류, 즉 누설 전류는 바로 이 부분에서 주로 생깁니다. 분명히 게이트가 문을 닫았는데 전류가 흘러버리는 거죠.

초기 게이트는 위 그림의 제일 왼쪽처럼(초록색) 일반적인 나무토막 모양이었어요. 하지만 회로폭이 좁아지면서 누설 전류가 자꾸 발생하니 더 튼튼하게 막아야 했죠. 그래서 물고기 지느러미(fin) 모양의 핀펫(FinFet) 게이트가 2010년 등장합니다. 하지만 이 정도로도 2~3nm에선 누설 전류가 생겨요. 그래서 아예 회로 주변을 완전히 감싼 게이트-올-어라운드(GAA) 방식이 또 등장합니다.

자기메모리로 전기 소모량을 줄인다고?

하지만 이런 기술만으로는 전기 소비량을 줄이는 데 한계가 있어요. 그래서 완전히 새로운 종류의 반도체를 만들려는 연구도 계속 이어지고 있지요. 그중 가장 주목을 받는 기술이 전자의 스핀을 이용한 스핀트로닉스(spintronics) 기술이에요.

스핀은 전자가 가진 기본적인 성질 중 하나예요. 전자는 자체로 하나의 작은 자석입니다. 자석은 항상 한쪽 끝은 N극이고 반대쪽 극은 S극이지요. 스핀은 전자에서 N극에서 S극으로 이어지는 방향이라고 생각할 수 있습니다. 이 스핀 방향에 따라 정보를 저장하거나 지우는 기술을 스핀트로닉스라고 하고, 이렇게 만들어진 메모리를 자기메모리라고 해요. 전자의 스핀 방향에 변화를 주면 메모리의 저항이 달라지는데 이를 이용해 정보를 저장하는 거죠.

자기메모리는 20세기에 이미 개발된 기술이에요. 하지만 자기메모리끼리 너무 가까이 있으면 서로 간섭하는 현상이 발생하고 스핀 방향을 바꾸는 데 전기에너지가 너무 많이 들어가서 실용성이 떨어졌어요. 그런데 2020년대 스핀전달토크 자기메모리(STT-MRam)라는 새로운 기술이 적용되면서 이런 문제들이 해결됩니다. 지금은 스핀전달토크 자기메모리보다 이론적으로 더 성능이 뛰어난 스핀-궤도토크 자기메모리(SOT-MRam)도 개발되고 있어요.

기존의 메모리 반도체가 1bit(비트)의 정보를 저장할 때 120pJ(피코줄, 1pJ은 1조분의 1줄) 에너지가 든다면 신기술을 적용한 스핀전달토크 방식은 300분의 1인 0.4pJ의 에너지밖에 들지 않아요. 그런데 스핀궤도토크 방식은 스핀전달토크 방식에 비해서 다시 10분의 1로 줄어들죠. 이렇게 에너지가 조금 들면 메모리에서 나오는 열도 이전보다 훨씬 적어요. 그러니 온도를 조절하는 냉방장치를 가동하는 시간이나 비율도 감소해요. 전기를 더 많이 아낄 수 있지요.

메모리 안에서 연산을

반도체에서 또 다른 저전력 기술은 프로세스-인-메모리(PIM) 기술이에요. 컴퓨터가 일을 할 때 시스템 반도체가 메모리 반도체에서 데이터를 불러들여 정보처리를 하고 그 결과를 다시 메모리 반도체로 보내지요. 이 과정에서 전력 소모도 많아요.

프로세스-인-메모리 기술은 메모리 반도체 안에 작은 시스템 반도체를 넣어 이 문제를 해결해요. 이러면 메모리가 가지고 있는 데이터를 내부에서 바로 처리할 수 있어요. 처리된 정보를 메모리에 바로 저장하기도 하고요. 속도도 빨라지지만 전력 소모량도 이론적으로는 최대 30분의 1 정도로 줄어들어요. 가령 A라는 작업을 하기 위해 이전에는 메모리에서 시스템 반도체로 100MB(메가바이트)의 데이터를 보내야 했다면 프로세스-인-메모리 기술은 내부에서 대략 처리해서 시스템 반도체로 보내야 할 데이터를 1MB 정도로 줄일 수 있는 거죠.

프로세스-인-메모리 기술은 특히 인공지능 학습과 관련해서도 주목받고 있어요. 인공지능은 학습 과정에서 메모리에 저장된 데이터를 시스템 반도체로 불러와 처리하고 그 결과를 다시 메모리에 저장하는 일을 끊임없이 되풀이합니다. 그 과정에서 전력 소모도 아주 많죠. 프로세스-인-메모리 기술을 이용하면 이 과정의 전기 소모량을 획기적으로 줄일 수 있습니다. 프로세스-인-메모리는 현재 가장 활발하게 개발 중인 기술이에요. 개인용 컴퓨터까지는 아직 적용되지 않고 있고 데이터 센터 등의 서버 컴퓨터와 인공지능 컴퓨터에 일부 사용되고 있죠. 앞으로도 인공지능 학습용 컴퓨터와 데이터 센터에서 활발하게 쓰이게 될 걸로 예상해요.

이런 것도 생각해 보기

성장만이 답일까?

반도체는 "2년마다 같은 면적의 반도체에 저장할 수 있는 데이터가 두 배씩 증가한다"라고 하는데 현대 기술은 정말 빠르게 발전하는 거 같아요.

반도체는 현대 기술이 얼마나 빠르게 발전하는지를 보여주는 상징 중 하나야. 무어의 법칙에 따르면 10년마다 컴퓨터 성능은 100배씩 더 좋아지는 셈이야. 인터넷 속도도 마찬가지로 엄청나게 빨라졌어.

20년 전에는 영화 한 편을 받으려면 밤에 자기 전에 시작해 아침이 되어도 다운로드 중이었는데 지금은 불과 몇 분이면 가능하거든. 이렇게 성능이 좋아진 컴퓨터와 통신 환경에서 일을 하면 같은 시간 동안 할 수 있는 일이 더 많아져. 그런데 회사에서 노동자들이 일하는 시간은 이전과 별 다를 바가 없어. 성능이 더 좋아진 컴퓨터와 통신 환경이 갖추어지자 기업이 더 많은 일을 하도록 요구하기 때문이지. 기업이 아니라 작은 식당이라면 어떨까?

어떤 부부는 월요일에서 토요일까지 오전 10시에 출근해서 준비를 하고 오전 11시에 문을 열어 오후 7시까지 식당을 운영해. 그런데 이들이 틈틈이 음식을 연구해서 이전보다 더 맛있다는 소문이 나자 손님이 늘어나서 오전 10시부터 1시간 준비한 음식이 오후 4시면 다 떨어져. 부부는 이제 오전 9시에 나와서 2시간 동안 더 많은 음식을 준비해. 그런데도 손님이 점점 늘어 오후 6시면 음식이 떨어져. 부부는 이제 오전 8시에 나와 음식 준비를 해야겠지. 하지만 부부는 생각을 바꿔서 오전 10시에 나와서 음식 준비를 하고, 오후 4시에 준비한 음식을 다 팔면 문을 닫고 퇴근해. 열심히 음식을 연구한 덕분에 돈을 더 많이 버는 것보다, 더 짧은 시간 일을 하고 나머지 시간에는 부부가 함께 즐거운 삶을 살기로 한 거야.

기술이 발달하면서 한 사람이 같은 시간에 할 수 있는 일이 늘어나고, 같은 전기에너지로 더 많은 일을 처리할 수 있게 되었어. 그런데 왜 우리는 이를 더 많은 일을 하고, 더 많은 소득을 올려서 더 많은 소비를 하는 쪽으로만 사용하는 걸까?

완전 전기로만
가는 비행기!

이미 우리 곁에 있는
전기차!
수소로 가는 자동차도
있는 거 알지??
H2
H2

석유 없이 달리는 자동차 만들기

미래형 모빌리티

위이이이이이잉
와, 전기차야
그러게, 요즘 많이 보네.

기름을 연료로 하는 차는
이산화탄소를 발생시키는데

전기차는 이산화탄소도,
매연도 없어.

그렇지만 전기를
생산할 때는
이산화탄소가
나오잖아?
맞아

완전한 탄소배출 제로까진
아직도
갈길이
멀어
으쌰!
CO2
ZERO
GOAL

그러니까 우리는
자전거로 간다!!
탄소배출
제로까지
달려!!!
다 좋은데
왜 나만
페달을
밟는 거지!?

수송 분야에서 어떻게 이산화탄소를 줄일까?

기후 위기에 대응하여 가장 많이 변하고 있는 분야가 수송 분야입니다. 내연기관으로 움직이던 자동차는 전기자동차로, 디젤로 움직이던 배는 천연가스나 수소로 에너지원을 바꾸는 중이에요. 또한 자율주행 기술이 발전하면서 일부 열차는 이미 자율주행이나 무인주행으로 바뀌었고 자동차와 선박 또한 변하고 있어요.

엔진에서 휘발유나 디젤을 태워 그 힘으로 바퀴를 돌리는 것을 내연기관이라고 해요. 휘발유를 태울 때마다 이산화탄소가 발생하죠. 전체 이산화탄소 발생량의 13% 정도 됩니다. 그래서 내연기관 자동차 대신 전기자동차 사용을 늘리고 있는데 앞으로 10년 정도 후에는 새로 만드는 자동차는 대부분 전기자동차가 될 거예요.

그런데 전기자동차에도 풀어야 할 문제가 있어요. 대부분 배터리 문제죠. 예를 들면 느린 충전 시간, 폭발 위험, 비싼 가격, 무거운 중량 등이 아직 해결해야 할 문제입니다.

수소에너지로 가는 자동차, 선박, 비행기?

내연기관 자동차의 또 다른 대안인 수소연료전지 자동차는 전기자동차에 비해 경쟁력이 많이 떨어집니다. 가장 큰 문제가 충전시설 확보가 어렵다는 거예요. 하지만 일정 구간을 왕복하는 대형 자동차는 수소연료전지 자동차도 충분히 경쟁력을 갖출 수 있어요. 가령 고속버스의 경우 터미널에만 충전시설이 있으면 되고, 트럭의 경우도 물류센터나 고속도로 위에 몇 군데 지정 충전시설이 있으면 되죠. 그리고 장거리 운항을 하는 선박의 경우 오히려 전기보다 더 경쟁력이 있을 것으로 보여요. 반면 일반적인 승용차에는 전기자동차가 더 적합하죠. 수소연료전지 자동차도 전기자동차와 마찬가지로 친환경적인 자동차가 될 가능성이 큽니다.

선박과 비행기도 기후 변화와 환경 오염 문제를 해결하기 위해서는 친환경적인 연료로 바꾸어야 해요. 선박 연료인 벙커C유는 온실가스도 많이 나오고, 배출되는 오염 물질도 많죠. 그래서 국제해사기구(IMO)는 2020년부터 선박 연료의 황산화물 함유량을 줄이기로 했어요. 대안으로 천연가스(LNG)가 사용되고 있지만, 이산화탄소는 여전히 나오죠. 그래서 궁극적으로는 암모니아 추진선과 수소연료전지 추진선이 대안으로 제시되고 있어요. 그중 수소연료전지의 단점은 충전시설 문제와 비싼 비용, 그리고 장비가 크다는 거예요. 그러나 대형 선박에서는 항구에만 충전시설을 갖추면 되기 때문에 충전시설의 문제는 해결될 수 있어요. 선박 전체로 보았을 때 수소연료전지 비용도 큰 부담이 되지 않아요. 다만, 바다에서는 파도, 너울, 소금 등 외부 환경이 더욱 열악하기 때문에 이를 대처하는 방안도 고려해야 합니다. 비행기는 한 번 사고가 나면 대형 사고라 안전성에 훨씬 민감해요. 전기 비행기나 수소연료전지처럼 엔진을 쓰지 않는 완전히 새로운 개념의 비행기가 날기 위해선 어떤 문제들을 해결해야 할까요? 기후 위기를 극복하기 위해 수송 분야에서는 어떤 기술적 노력이 진행되고 있을까요?

전기자동차와 전용 배터리

전기자동차는 배터리에 저장된 전기에너지를 공급하면
모터가 돌면서 바퀴가 움직이는 구조예요.
핵심 기술은 전기를 계속 충전해서 쓸 수 있는 2차전지에 있어요.
지금보다 가격도 낮추고 안전한 배터리는
어떻게 만들 수 있을까요?

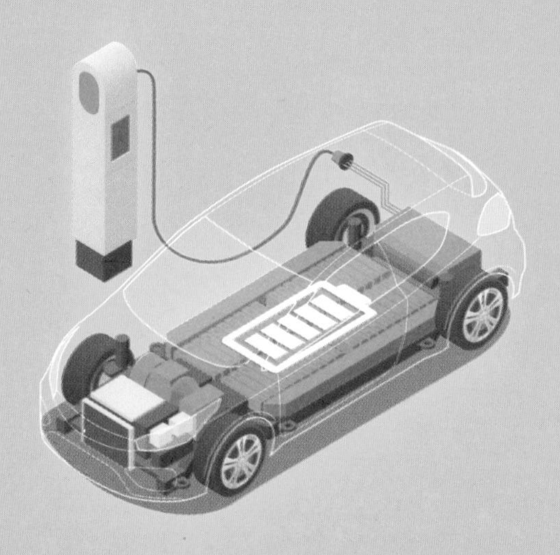

전기자동차에는 전용 배터리가 있다?

우리가 흔히 말하는 배터리에는 다 쓰면 더 이상 쓸 수 없는 건전지 같은 1차전지와 계속 충전해서 쓸 수 있는 2차전지가 있어요. 그중 자동차에 쓰는 건 2차전지죠. 2차전지에도 여러 종류가 있지만 자동차나 휴대폰 등 우리가 자주 사용하는 기기는 대부분 리튬이온 배터리를 씁니다.

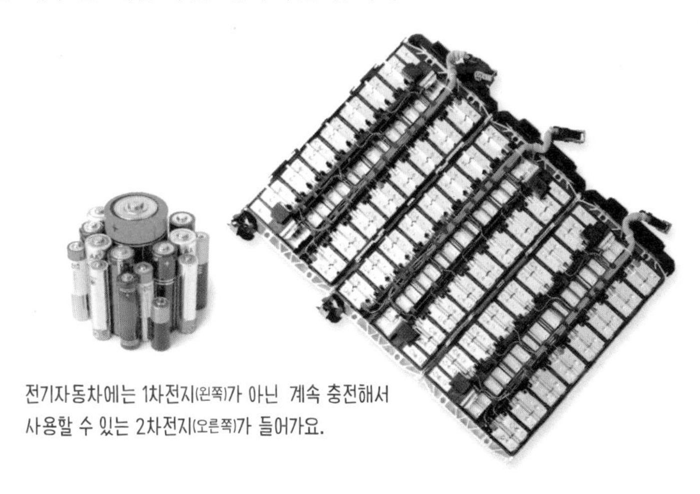

전기자동차에는 1차전지(왼쪽)가 아닌 계속 충전해서 사용할 수 있는 2차전지(오른쪽)가 들어가요.

리튬이온 배터리

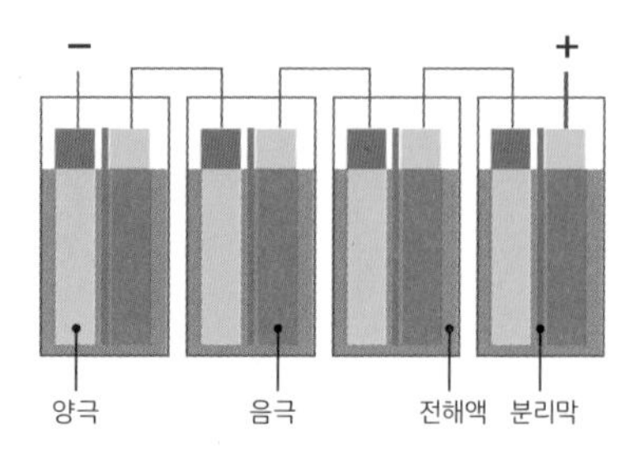

리튬이온 배터리는 양극과 음극, 그 사이에 전해액 그리고 분리막으로 구성되어 있어요.

리튬이온 배터리는 크게 네 가지 부분으로 구성되어 있어요. 양극(+)과 음극(-)이 양쪽에 있고 가운데 전해액(액체 전해질)이 있어요. 그리고 전해액 가운데 분리막이 있어요. 배터리에 전기를 충전할 때는 전기의 힘에 의해 양극의 리튬이온이 전해질을 통해 음극으로 이동합니다. 반대로 전기를 써야 할 때는 리튬이온이 음극에서 양극으로 이동하고 이때 전자는 전선을 통해 이동하면서 전류가 흐르게 하지요.

양극은 리튬과 산소가 결합한 리튬 산화물이고 음극은 흑연이 주재료예요. 이 가운데 분리막이 양극과 음극의 물질이 직접 만나는 걸 막는 역할을 해요. 양극과 음극이 직접 접촉하게 되면 화학반응이 일어나면서 온도가 아주 빠르게 올라가 폭발할 수 있기 때문이죠. 분리막에는 또 아주 작은 구멍이 있어

리튬이온이 드나들 수 있습니다. 둘 사이의 전해질은 양극과 음극 사이에서 리튬이온이 이동할 수 있게 도와주는 역할을 합니다.

리튬이온의 양극에 대해 조금 더 알아볼게요. 양극은 리튬 산화물이 기본이지만 여기에 금속이 몇 가지 더 첨가되어 있어요. 니켈은 배터리 용량을 더 높이는 데에, 망간과 코발트는 배터리가 안전하도록, 알루미늄은 출력이 안정적으로 이뤄지게 하는 역할을 하죠. 현재 생산되는 전기자동차 배터리는 이들 소재를 적절하게 섞어서 사용해요. 니켈코발트망간 배터리(NCM), 니켈코발트알루미늄 배터리(NCA), 리튬코발트산화물 배터리(LCO), 리튬망간산화물 배터리(LMO) 등이 있어요.

이런 리튬이온 배터리는 작은 크기에 전기에너지를 고밀도로 저장할 수 있고 아주 높은 전압을 낼 수 있어요. 또 사용하지 않을 때 방전되는 양이 아주 적어요. 하지만 안정성이 떨어진다는 단점이 있어요. 그래서 이미 충전이 끝났는데도 계속 충전하고 있거나 강한 충격을 받았을 때 폭발이 일어날 수도 있어 타고 있던 사람의 생명까지 위험해요.

또 다른 단점으로 수명이 짧아요. 리튬이온 배터리는 얼마나 자주 사용하는가와 상관없이 만든 직후부터 노후화가 일어나죠. 보통 신형 휴대폰을 산 후 처음에는 한 번 충전하면 하루

종일 쓰지만 2년 정도 지나면 하루에 두 번 정도는 충전해야 하잖아요. 전기자동차 배터리도 마찬가지죠. 현재 전기자동차는 한 번 충전에 500km 정도를 달릴 수 있어요. 서울에서 부산까지 가는 동안 중간에 충전할 필요가 없죠. 그런데 몇 년 지나서는 용량이 줄어들어 중간에 충전해야 한다면 얼마나 번거롭겠어요. 충전하는 데 걸리는 시간도 긴데 말이죠. 또 온도에도 민감해요. 겨울철 바깥에서 계속 활동하다 보면 휴대폰 배터리가 평소보다 더 빨리 닳는 걸 알 수 있어요. 자동차도 마찬가지예요. 겨울엔 한 번 충전으로 이동할 수 있는 거리가 줄

어들어요.

거기다 무거워요. 워낙 배터리가 많이 들어가다 보니 같은 크기의 내연기관 자동차에 비해 상당히 무거워서 중형 자동차는 약 300kg 이상 더 나가죠. 덩치 큰 어른 세 명이 타고 있는 거나 마찬가지예요. 그리고 아직은 가격이 비싸요. 전기자동차 원가의 3분의 1 이상이 배터리 가격이라서 그래요. 충전 시간이 길어서 불편한 점도 있죠. 보통 2시간 정도 되어야 완전 충전이 됩니다. 아마도 현재 전기자동차를 타는 사람들이 느끼는 가장 큰 불편일 거예요.

더 안전한 전고체 배터리

이러한 배터리 문제가 해결되면 전기자동차로의 전환이 좀 더 빠를 거예요. 그래서 새로운 배터리를 개발하고 있는데 가장 주목을 받는 것이 전고체 배터리예요. 기존 리튬이온 배터리에는 전해질이 액체예요. 이 전해질을 액체가 아니라 고체로 사용하는 거예요. 배터리 전체가 고체라서 이름도 '전고체'라 붙였지요.

전고체 배터리는 기존 배터리보다 훨씬 안전합니다. 리튬이온 배터리는 전해질이 액체이다 보니 온도가 올라가면 배터리가 부풀고 또 충격으로 깨지면 전해질이 빠져나가기도 해요.

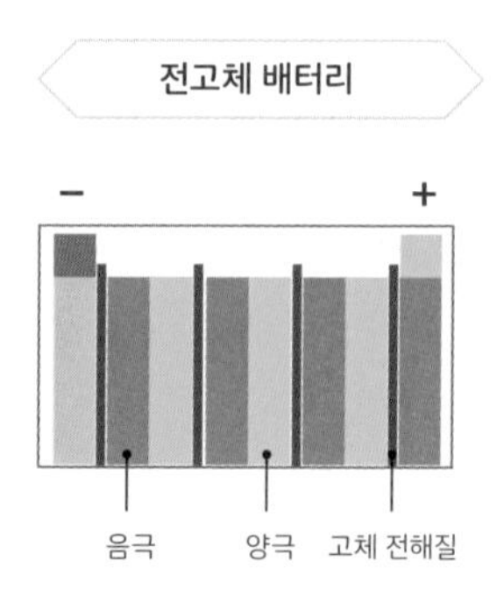

전고체 배터리에는 고체 전해질이 들어 있어 리튬이온 배터리보다 안전해요.

그래서 이를 방지하기 위해 다양한 안전장치와 부품이 더 필요해요. 그러나 전고체 배터리는 온도가 올라가도 팽창하는 정도가 아주 작고 외부 충격이 있어도 흘러 나갈 염려가 없지요. 따라서 전고체 배터리는 안전 관련된 부품이 줄어 배터리 하나의 크기와 무게가 더 작아요. 위 그림에서 보는 것처럼 분리막이 필요 없고 음극과 양극을 고체 전해질을 사이에 두고 계속 겹치게 만들 수 있어 부피도 줄일 수 있지요. 그래서 같은 크기에 더 많은 배터리를 넣을 수 있어요. 같은 크기의 전기자동차도 전고체 배터리를 쓰면 더 가볍죠. 또 배터리 크기가 작아지니 자동차 내부 공간도 더 넓게 만들 수 있어요. 온도 변화에도 민감하지 않기 때문에 겨울철에도 배터리 성능이 떨어지지 않아요. 충전 시간도 기존 배터리보다 짧고요.

다만 전고체 배터리에서는 중간 전해질이 고체라 리튬이온이 이동하는 과정이 액체일 때보다 어려워요. 거기에다 제조비용이 아직은 리튬이온 배터리에 비해 상당히 높죠. 그래도 이런 문제만 해결한다면 기존 리튬이온 배터리에 비해 가진 장점이 워낙 크기 때문에 세계 각국의 배터리 기업과 연구소 그리고 자동차 회사들이 앞다투어 전고체 배터리를 개발 경쟁 중입니다. 현재로선 2020년대 후반이면 전고체 배터리로 움직이는 자동차가 등장할 거라고 봐요.

전고체 배터리가 상용화되면 전기자동차뿐 아니라 휴대폰이나 태블릿PC, 노트북을 사용하는 데도 이전보다 편리할 것으로 보입니다. 이들 제품도 배터리가 차지하는 비중이 상당하거든요. 휴대폰 두께를 더 줄일 수 있고, 아니면 한 번 충전만으로도 2~3일간 사용할 수 있게 됩니다. 노트북이나 태블릿PC는 더 얇고 가볍게 만들 수 있고요. 여러분이 운전면허증을 딸 때쯤이면 처음 운전하는 차가 전고체 배터리 자동차일 수도 있겠네요.

이런 것도 생각해 보기

리튬과 코발트, 니켈 등을 채굴하는 데는 문제가 없을까?

전 세계 코발트 중 절반 이상이 아프리카 콩고민주공화국에서 채굴된다고 들었어요. 근데 어린이들이 위험한 채굴 작업을 한다는데, 다른 방법은 없나요?

여기서 일하는 사람들은 기본적인 보호 장구도 없이 맨손으로 채굴 작업을 하고 있어. 콩고민주공화국 남부의 영세한 채광 지역에서는 11만 명이 넘는 가난한 사람들이 일하고 있고 이 중에는 어린이들도 있어.

유니세프에서는 유해 물질에 그대로 노출된 채 작업하는 어린이가 4만 명에 이를 것으로 추정해. 코발트는 채굴 과정에서 유해 물질이 많이 발생하고 제련 과정에서도 대기 오염 물질이 나와. 코발트가 포함된 먼지를 마시면 중금속에 노출되어 폐질환에 걸릴 수 있고, 코발트에 계속 접촉하면 피부염이 생기기도 해. 채굴된 코발트는 콩고민주공화국에 있는 중국계 기업 저장화유코발트주식회사가 사들여서 제련한 뒤 중국으로 수출해. 중국에서 다시 정제된 코발트는 중국과 한국의 배터리 부품 제조사에 판매되고. 우리가 쓰는 휴대폰이나 태블릿PC 그리고 전기자동차의 배터리가 바로 이런 과정을 거친 것들이야.

리튬의 경우는 조금 다른데 리튬 자체는 큰 해가 없지만 광석에서 리튬을 추출할 때 황산을 쓰기 때문에 독성이 강한 황산 폐기물이 많이 발생해. 또 리튬을 채굴할 때 물을 많이 사용하는 것도 문제야. 리튬 광산은 건조한 지역의 소금이 많이 함유된 호수나 지하수의 물을 길어 올려 햇볕에 말린 뒤 이를 다시 깨끗한 물로 씻는 방식을 많이 쓰거든. 그런데 이 과정에서 물이 아주 많이 필요해. 리튬 1t 정제에 물 190만ℓ가 사용돼. 건조한 지역인데 이렇게 물을 많이 끌어다 쓰니 주변에 사는 주민들이 물 부족으로 고통을 겪고 있어. 농사를 지을 물도 부족하고 심지어 마실 물도 부족해지지. 우리가 쓰는 배터리에 포함된 리튬과 코발트를 얻는 과정에서 인권과 환경 문제가 발생한다는 것에도 주목할 필요가 있어.

수소에너지

수소는 가벼운 원소라 예전에는 풍선이나 비행선 등
공중에 뭔가를 띄우는 데 사용했는데
21세기 들어 에너지로 이용하려는 연구가 활발해요.
수소와 산소가 만나 연소하면
이산화탄소는 전혀 만들지 않고 물(수증기)만 만들어요.
이산화탄소가 나오지 않는 연료라니
너무 매력적이지 않나요?

수소에도 색이 있다고?

수소에도 색이 있다는 거 알고 있나요? 진짜 색을 띠는 건 아니고 만드는 방식에 따라 그린 수소, 블루 수소, 그레이 수소, 브라운 수소로 나눈 거예요.

브라운 수소는 석탄이나 갈탄을 고온과 고압에서 가스로 바꾼 뒤 수소를 추출하는 거예요. 수소를 만드는 과정에서 이산화탄소가 가장 많이 발생하니 환경을 생각하면 별 의미가 없는 방식입니다.

그레이 수소는 천연가스를 이용해 만든 수소예요. 천연가스는 주성분이 메테인(CH_4)인데, 촉매를 이용해서 메테인을 고온의 수증기와 반응시키면 수소(H_2)와 이산화탄소(CO_2)가 나와요($CH_4+2H_2O \rightarrow CO_2+4H_2$). 이렇게 만들어진 수소를 개질 수소라고 하는데 브라운 수소보다는 낫지만 그래도 수소 1kg을 만드는

데 이산화탄소가 10kg이나 나와요.

블루 수소는 기본적으로 그레이 수소와 같아요. 그러나 만드는 과정에서 발생하는 이산화탄소를 모아 저장하기 때문에 대기 중으로 빠져나가는 양은 상당히 줄일 수 있어요. 이때 모은 이산화탄소는 다른 용도로 이용하거나 지하 깊은 곳에 묻어서 보관하게 되지요.

그린 수소는 태양광이나 풍력 등 재생에너지로 만든 전기로 물을 전기분해(수전해)해서 만든 수소예요. 물을 전기분해 하면 산소와 수소만 생기니까 생산과정에서 이산화탄소가 나오지 않아요. 전기도 재생에너지를 사용하면 이산화탄소 발생량이 아주 적고요.

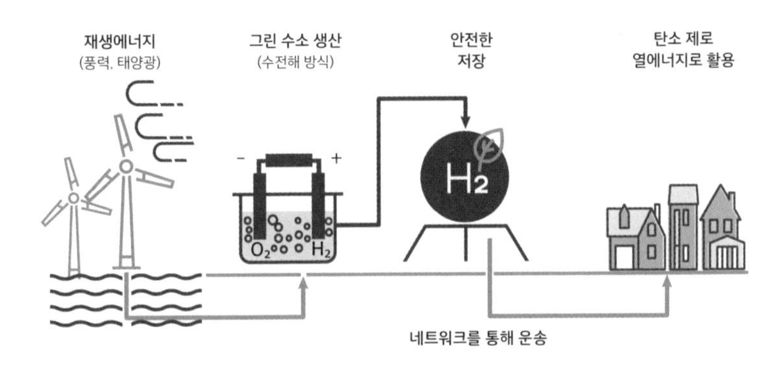

그린 수소는 태양광이나 풍력 등 재생에너지로 만든 전기로 물을 전기분해 해서 만든 수소예요.

따라서 수소를 연료로 이용한다면 그린 수소가 최선이고 그나마 블루 수소 정도를 써야 하는 거지요. 그래서 유럽연합에서는 2016년부터 '수소 원산지 보증제도'를 통해 어떻게 생산한 수소인지를 파악할 수 있도록 제도화했어요.

왜 물을 분해해서 수소를 만들어 쓸까?

그런데 여기서 한 가지 의문이 생기죠. 태양광이나 풍력으로 전기를 만들면 그냥 쓰면 되지 왜 굳이 다시 물을 분해해서 수소를 써야 할까요? 여기에는 두 가지 이유가 있어요.

먼저 풍력발전이나 태양광발전은 우리가 원할 때 원하는 만큼 전기를 만들지 못해요. 날씨에 따라 전력 생산량이 들쭉날쭉하죠. 그러니 생산량이 많을 때 남는 전기로 수소를 만들어 저장했다가 필요할 때 쓰는 거예요.

또 외국에서 수소를 수입할 수 있어요. 우리나라는 흐리거나 비가 오는 날씨가 많고, 겨울에는 낮이 짧죠. 그러나 적도 부근의 건조한 지역에선 일 년 내내 맑고 햇빛도 강합니다. 이런 곳은 태양광발전 비용이 우리나라보다 10분의 1 정도로 싸죠. 이런 곳에 우리 돈으로 태양광발전소를 짓고 수소를 만들어 수입하는 겁니다.

하나 더, 수소는 산업에서도 많이 필요로 해요. 석탄이나 석유를 태우는 대신 수소를 태워 에너지를 얻으면 이산화탄소가 나오지 않으니까요. 수소는 앞으로 기후 위기를 극복하는 데 중요한 역할을 담당할 거예요.

수소연료전지 전기자동차

수소자동차를 알아볼까요? 정식 명칭은 '수소연료전지 전기자동차'입니다. 좀 길지요? 여기서 핵심은 수소를 이용한 연료전지인데 이를 먼저 살펴보겠습니다.

연료전지는 말 그대로 연료만 넣어주면 계속 전기를 만들 수 있어요. 연료로는 수소 말고도 메탄올, 천연가스(메테인) 등을 사용할 수 있지만 현재는 대부분 수소만 사용되고 있어요.

음극에는 수소가, 양극에는 산소가 들어와요. 수소분자는 음극에서 수소이온과 전자로 분리됩니다. 이중 전자는 전선을 따라 양극으로 이동하면서 전류를 만들어요. 수소이온은 전해질을 통해 양극으로 이동하죠. 양극에서는 수소이온과 산소, 그리고 전자가 만나 물(수증기)을 만들어요. 전기에너지로 전환되는 효율이 40~50%로 아주 높아요. 수소연료전지 전기자동차는 바로 이 전기를 이용해 모터를 돌리는 거예요. 넓게 보면 수소자동차도 전기자동차의 한 종류죠.

그런데 수소연료전지 전기자동차를 개발하고 생산하겠다는

수소연료전지의 구조

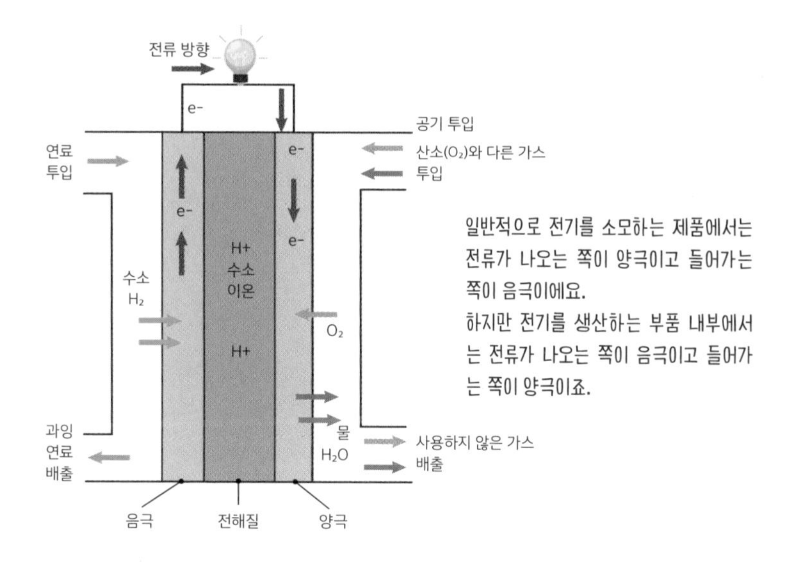

회사는 생각보다 적어요. 우리나라 현대자동차를 포함해서 불과 3~4개 회사밖에 없죠. 대부분 일반적인 전기자동차를 만들겠다고 하네요. 이유가 뭘까요?

먼저 전기자동차에 비해 부품이 많아서 자동차 내부 공간이 좁아요. 그리고 부품이 많아 전기자동차에 비해 더 무겁고 고장이 났을 때 수리하기가 더 어렵다는 단점이 있어요. 주행속도도 전기차가 더 빠르고요. 그리고 결정적으로 수소는 폭발 위험성이 있다 보니 수소충전소를 건설하는 데도 큰 비용이 들어가요. 이에 비해 일반적인 전기자동차 충전소는 설치 장소가 좁아도 되고 비용도 상당히 저렴하죠. 수소자동차가 팔리려면 충전이 쉬워야 하는데 충전소가 별로 없다는 건 차를 사기 꺼려지는 중요한 이유예요.

물론 수소자동차라고 장점이 없는 것은 아닙니다. 우선 충전 시간이 아주 짧아 몇 분이면 되지요. 또 하나 전기자동차는 완전히 충전한 뒤 약 500km 정도를 달릴 수 있는데 수소차는 600km 이상 달릴 수 있어요. 비슷한 크기의 차라면 수소차가 훨씬 오래 달릴 수 있지요. 또 수소차는 공기 중에서 산소를 얻는데 이 과정에서 필터가 공기를 정화하는 역할을 해요. 달

자료 : Wikimedia Commons

리는 공기청정기죠.

이런 장단점을 비교해 보면 수소차는 일정한 노선을 운행하는 트럭이나 버스에서는 유리해요. 터미널이나 종점 등에 충전소가 있으면 충전은 크게 문제가 되지 않아요. 또 차의 덩치가 크니 수소도 많이 실을 수 있어 한 번 충전으로 움직일 수 있는 거리가 길어지기도 하고요.

그런데 자동차 전체로 보면 트럭이나 버스는 수요가 그리 많질 않아요. 그러니 많은 자동차 회사가 이왕 새로운 차를 개발한다면 수요가 많을 것으로 예상되는 전기자동차를 선택하는 것이죠.

이런 것도 생각해 보기

전기차나 수소차로 모두 바꾸면 문제가 해결될까?

휘발유 대신 전기나 수소연료전지를 쓰게 되면 이산화탄소가 나오질 않겠네요. 그러면 전기자동차는 완전히 친환경 자동차가 되는 건가요?

글쎄, 전기자동차에 공급하는 전기가 재생에너지로만 만들어야 하는 문제가 남지 않을까? 그리고 전기자동차를 만드는 과정에서도 온실가스가 발생할 것 같은데.

분명히 내연기관 자동차보다 온실가스가 덜 나오기는 해. 하지만 몇 가지 문제가 있어. 먼저 그 전기를 어떻게 만들 것인가야. 지금 우리나라의 경우 재생에너지로 전기를 만드는 비율은 10% 정도밖에 되질 않아. 열심히 늘리고 있지만 앞으로도 최소한 15년 정도는 계속 화석연료를 사용해야 할 거야. 그러면 전기를 사용하더라도 계속 온실가스가 나온다고 봐야지. 또 차를 만드는 부품은 대부분 철과 플라스틱이야. 그런데 철과 플라스틱을 만들 때도 온실가스가 나오지. 앞으로 온실가스를 배출하지 않는 방향으로 개발이 이루어지겠지만 이 또한 시간이 오래 걸릴 거야. 그러니 전기자동차라고 마냥 온실가스 배출이 제로가 되진 않는 거지. 그리고 가장 중요한 문제가 있어. 지금 화석연료 발전을 줄이기 위해선 재생에너지 발전량을 늘리는 것도 중요하지만 전기를 덜 사용하는 것도 중요해. 재생에너지를 늘렸는데, 전기 사용량도 같이 늘면 화력발전소를 계속 써야 하니 온실가스를 줄이기 힘들지.

전기 사용을 되도록 줄이기 위해 우리가 할 수 있는 가장 좋은 방법은 버스나 지하철 같은 대중교통을 이용하는 거야. 자가용을 탈 때보다 온실가스 발생을 훨씬 더 줄일 수 있고 자가용 수명을 늘리는 데도 도움이 돼. 자동차는 얼마나 오래되었나보다 얼마나 많은 거리를 타고 다녔는지가 수명을 결정하거든. 거기다 대중교통을 이용하는 사람이 늘면, 도로를 넓히지 않아도 되고, 주차장을 만들 필요도 줄어들지. 우리가 할 수 있는 가장 좋은 실천이 대중교통 이용하기야.

탄소 배출 없는 배와 비행기

선박에서 나오는 온실가스는 지구 전체 배출량의 2.5%이고
비행기에서도 전체 이산화탄소 배출량의 2.5% 정도나 나와요.
탄소 배출량을 줄이는 방법의 하나로
수소연료전지 선박을 개발하고 있어요.
물론 비행기도 탄소 제로에 도전 중이죠.
수소연료전지 비행기 그리고 수소엔진 비행기예요!

선박도 수소연료전지로 운항한다고?

현재 아시아와 유럽, 아메리카를 잇는 거대한 물류 수송 대부분은 선박을 통해 이루어지고 있어요. 2020년 한 해 동안 선박으로 옮겨진 컨테이너가 2억 개가 넘을 정도죠. 여기에 석유나 LNG, 석탄, 식량도 선박을 통해 운반되고요. 선박이 사용하는 연료는 벙커C유예요. 불순물도 많고 불완전 연소도 많아 오염 물질이 많이 나옵니다. 이산화탄소 발생량도 많아요.

산성비를 만드는 황산화물은 휘발유에 비해 1,000배에서 최대 3,000배까지 높아, 선박 수가 자동차보다 훨씬 적은데 배출하는 황산화물은 130배나 많죠. 그래서 국제해사기구가 선박의 친환경 연료 사용을 위해 새 지침을 세웠어요. 2020년부터 선박 연료의 황산화물(SOx) 함유량의 상한선을 현행 3.5%에서 0.5%로 줄이기로 했어요. 이렇게 되면 벙커C유는 연료로 사용

원유 분리 단계와 사용처

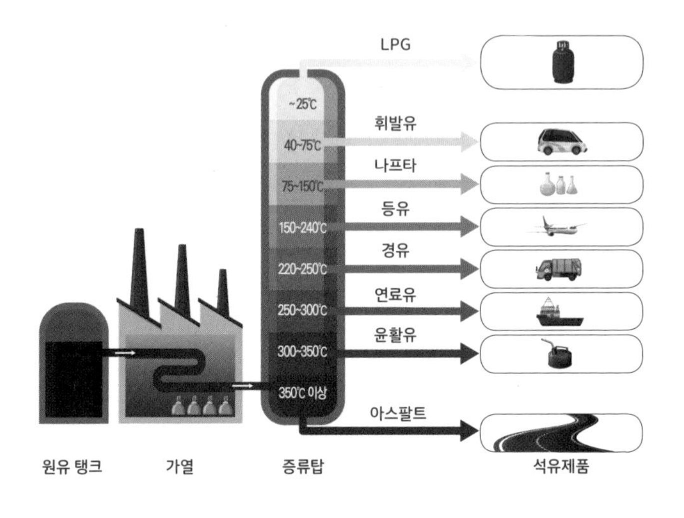

원유를 분리하는 단계에 따라 연료의 특성이 달라 사용처도 달라요.

하기 힘들어요. 대안으로 떠오른 것이 천연가스(LNG)입니다. 천연가스는 연소할 때 황산화물이 거의 나오지 않으니까요.

하지만 문제는 이산화탄소예요. 현재 선박에서 나오는 온실가스는 지구 전체 배출량의 2.5%로 적은 양이 아니에요. 천연가스로 바꾼다고 하더라도 그 발생량이 조금 줄어드는 것뿐입니다. 그래서 국제해사기구는 '현존 선박에너지 효율지수'와 '탄소집약도지수(CII, Carbon Intensity Indicator) 등급제'를 2023년부터 도입했어요. 그리고 이 규제는 앞으로 점점 더 강화될 예정입니다. 결국 앞으로는 천연가스도 연료로 사용하기 힘들어집니다.

그래서 천연가스 대신 대안으로 떠오르는 것이 암모니아 추진선과 연료전지 추진선이에요. 연료전지 자동차의 가장 큰 문제점이 충전시설과 비싼 비용, 그리고 장비 크기가 크다는 것이었어요. 하지만 몇 달간 바다를 다니는 대형 선박의 경우에는 항구에만 충전시설을 갖추면 문제가 되질 않아요. 그리고 선박을 만드는 비용 자체가 워낙 많이 드니 수소연료전지 비용은 별 부담이 되질 않죠. 공간 또한 선박 전체로 보면 크게 차지하지 않아요. 자동차에서 단점으로 지적되던 것은 선박에서는 전혀 문제가 되질 않는 것이죠.

하지만 선박에서의 수소연료전지 사용은 또 다른 고려 사항이 있어요. 바다에서는 파도나 너울 등에 따라 배가 앞뒤로 또 좌우로 계속 흔들려요. 태풍 등이 부는 때도 있지요. 그리고 바닷물에는 소금이 녹아 있어 쇠나 다른 금속에 녹이 잘 슬어요. 자동차에 비해 외부 환경이 더 열악해요. 이에 대한 안전성을 확보하는 것이 매우 중요하지요. 그렇다고 해도 현재 개발된 수소연료전지의 핵심 기술 자체로만 보면 큰 무리가 없어서 앞

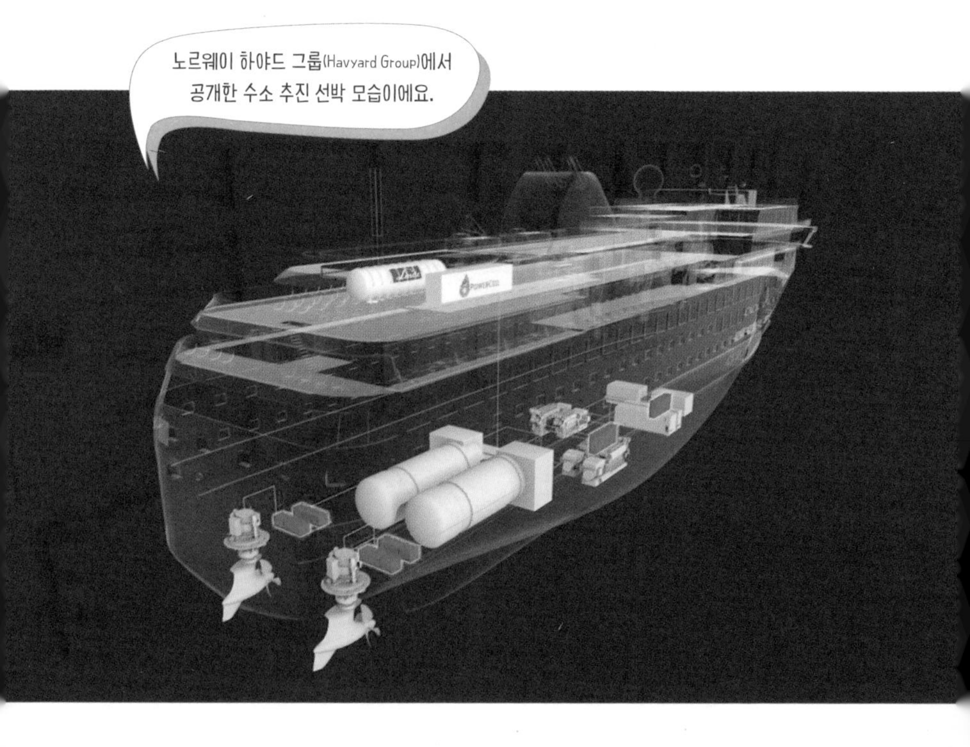

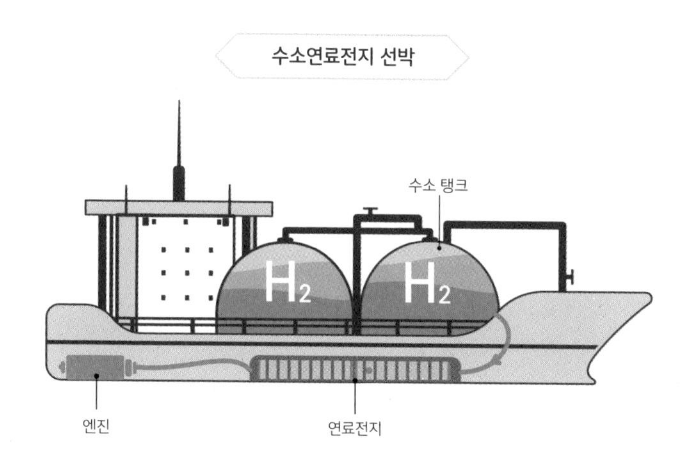

으로 2~3년 뒤면 수소연료전지 선박을 볼 수 있을 거예요.

또 다른 대안으로 떠오르는 암모니아 추진선이란 암모니아를 석유나 천연가스 대신 연소시켜 추진력을 얻는 선박이에요. 암모니아를 태우면 산소와 결합해 물과 질소만 내놓고 이산화탄소는 발생하지 않아요($4NH_3+3O_2 \rightarrow 6H_2O+2N_2$). 암모니아는 수소에 비해 액체로 만들기가 쉬워요. 수소는 온도를 영하 259℃ 아래로 내려야 액화가 되지만 암모니아는 영하 77℃ 정도면 액체가 되니까요. 또 폭발 위험성이 상대적으로 적어 저장 용기 제작도 쉽죠. 암모니아는 화학비료를 만드는 원료이기도 해서 합성 기술 또한 충분히 확보되어 있어요($N_2+3H_2 \rightarrow 2NH_3$).

비행기도 탄소 제로에 도전?

유럽환경청이 발표한 자료에 따르면 승객 한 명이 1km 이동할 때 기차를 이용하면 발생하는 이산화탄소량은 14g에 불과해요. 그런데 비행기를 타면 285g으로 기차에 비해 20배가 넘어요. 물론 비행기의 운항 횟수는 자동차에 비해 훨씬 적으니 이산화탄소 배출량이 이 비율을 따르지는 않아요. 그래도 전체 이산화탄소 배출량의 2.5% 정도로 결코 무시할 수 없는 양이에요. 또 비행기는 다른 운송 수단에 비해 운항 횟수가 빠르게 증가하고 있어서 그냥 놔두면 이 비율이 더 높아질 거예요.

스웨덴의 환경운동가 그레타 툰베리는 뉴욕에 갈 때 비행기 대신 요트를 타고 가기도 했지요. 비행기도 이제 에너지를 바꿀 때가 된 거예요. 세 가지 방향이 있어요. 배터리를 이용하는 것, 수소연료전지 비행기, 그리고 수소엔진입니다.

가장 먼저 개발이 시작된 것은 전기 비행기예요. 1990년대부터 시작되었지요. 2000년대 들어서는 전기 비행기로 알프스산맥을 넘기도 하고, 48시간 연속 비행을 하기도 했어요. 서너 명이 타는 소형 전기 항공기는 이미 상용화되었죠. 그러나 몇십 명의 승객을 태우거나 큰 화물을 싣는 중대형 비행기는 지금의 리튬이온 배터리로는 한계가 있어요. 배터리가 무겁다는 것이 핵심적인 문제죠. 배터리가 무거운 만큼 태울 수 있는 승객과

화물에 한계가 있어요. 배터리의 에너지 밀도가 더 높아지기 전에는 기존 비행기를 대체하기는 어려워요. 하지만 몇 명 타지 않는 경비행기는 전기 비행기로 점차 바뀌게 될 거예요.

중대형 비행기의 경우 수소연료전지가 대안이 될 수 있어요. 원리는 수소연료전지 자동차와 같아요. 비행기가 크고 무거울수록 수소연료전지가 리튬이온 배터리보다 출력도 크고 무게가 덜 나가니까요. 그러나 수소연료전지 비행기도 기존 비행기보다는 무거워요. 더구나 공중에 뜨는 비행기니 최대한 가벼워야 해서 이 단점이 더 두드러져 보이는 것이고요.

그러나 전기 비행기나 수소 비행기는 장점도 많아요. 이산화

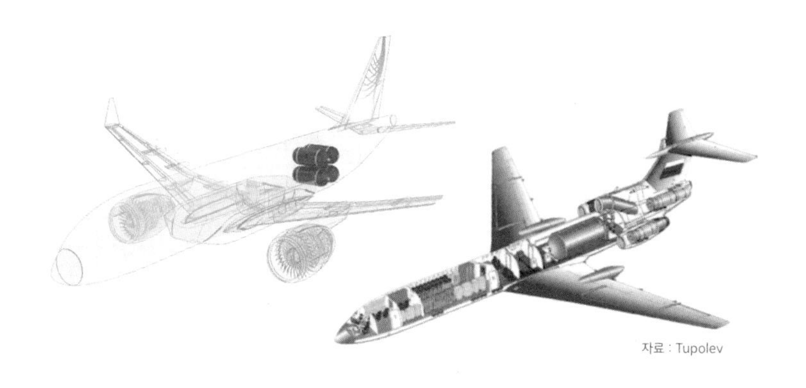

자료 : Tupolev

액체 수소는 특수한 형태의 부피가 큰 탱크가 필요해 비행기 후방에 동체 탱크가 놓여요.
오른쪽 조감도는 러시아의 항공 방위산업체 투폴레프에서 제작한 항공기 Tu-155로,
세계 최초로 액체 수소로 작동하는 실험용 항공기입니다.

탄소 발생량이 아주 많이 줄어든다는 점 외에도 엔진이 없어서 기존 항공기보다 훨씬 조용하죠. 부품이 줄어드니 유지비도 적어요. 거기에 등유 대신 전기나 수소를 충전하는 비용도 더 싸고요.

그런데 비행기는 안전에 대해 자동차보다 훨씬 민감해요. 한 번 사고가 나면 치명적이니까요. 그래서 전기 비행기나 수소연료전지처럼 엔진을 쓰지 않는 완전히 새로운 개념의 비행기가 날기 위해선 안전 문제를 최대한 해결하는 과정이 필요해요. 이런 점에서 실제로 날게 되기에는 시간이 좀 걸릴 거예요.

그래서 중간 단계로 친환경 연료를 쓰는 방법도 개발 중이에요. 기존의 등유 대신 바이오연료를 쓰면 이산화탄소 발생량을 줄일 수 있어요. 물론 엔진에서 태울 때는 같은 이산화탄소가 발생하지만 바이오연료는 재료인 식물이 자랄 때 광합성을 하면서 이산화탄소를 흡수하기 때문에 이산화탄소 발생량이 0이라는 거지요. 이 경우 기존의 비행기 구조를 크게 바꿀 필요가 없기 때문에 안전 검증이 쉬워요. 따라서 전기 비행기나 수소 연료전지 비행기가 상용화될 때까지 중간 단계로 사용할 수 있다는 거죠.

우리가 이산화탄소 발생에 대한 미안함 없이 배나 비행기를 탈 수 있는 날이 하루빨리 왔으면 좋겠어요.

이런 것도 생각해 보기

바이오연료는 과연 친환경일까?

바이오연료를 사용하면 이산화탄소 발생이 없는 건가요? 게다가 계속 재생이 가능하니 완전히 친환경 에너지라고 할 수도 있겠네요?

바이오연료는 생물체로부터 얻는 연료라서 석유나 석탄과 달리 계속 만들 수 있으니 재생가능한 에너지이긴 해. 그런데 바이오연료를 만들기 위해 바이오연료용 곡물을 경작하려면 삼림을 훼손해야 한다는 문제도 있어.

바이오연료는 석유나 석탄보다 공해 물질을 배출하는 비율이 아주 낮아. 대부분 팜유(기름야자 나무 열매에서 추출한 기름), 사탕수수, 옥수수 등을 재배해서 얻어. 브라질에서는 이미 자동차 연료의 상당 부분을 차지하고, 연료 첨가제로 휘발유에 섞어 사용하는 것도 가능해. 바이오연료는 작물이 자랄 때 광합성을 하면서 이산화탄소를 흡수하니 연소 과정에서 이산화탄소를 배출해도 흡수량과 배출량을 따지면 제로가 되거든. 그래서 탄소중립연료라고도 불러. 그런데 이런 바이오연료도 살펴보면 몇 가지 문제가 있어.

우리나라나 유럽연합 등 많은 나라가 바이오연료를 휘발유나 디젤 같은 연료에 섞어 쓸 것을 의무화하고 있는데 일부 환경단체들은 오히려 폐지할 것을 주장하고 있어. 바이오연료를 만들기 위해 대규모 토지를 경작하면서 삼림이 훼손되기 때문이야. 삼림은 일반 농지에 비해 이산화탄소를 훨씬 많이 흡수하는데 이런 숲을 베어내고 바이오연료를 만들 곡물을 심으면 실제로는 이산화탄소 흡수량이 줄어들어 친환경적이라고 보기 어렵다는 것이지. 이런 문제를 해결하려고 2세대 바이오연료라고 해서 농산물의 잔여물, 즉 밀이나 귀리의 지푸라기, 옥수수 껍질, 사탕수수 찌꺼기 등을 활용하거나 해조류를 이용해 바이오연료를 만들려는 노력도 하고 있어. 이런 방식으로 땅을 사용하지 않으면 기존 바이오연료가 가진 문제 상당수가 사라질 테니까. 하지만 바이오연료는 일종의 응급대책에 불과해. 결국은 전기나 수소로 바꿔야 할 거야.

바다에 쓰레기가 이렇게 많아!
재활용과 분리수거로 충분할까…
PLASTIC

지구를 살릴 세 가지 핵심 미래 기술

지속가능한 에너지와 신물질

볼 때마다 당연한 것 같다가 또 참 신기하고 막…
이번엔 뭐가?

태양이 늘 빛나는 거 말야.
아항!

태양은 원자핵들이 충돌하는 핵융합을 하고 있거든.
무려 100억 년 동안이나!!
※태양은 절대 맨눈으로 바라보면 안됩니다!!

언젠간 핵융합 기술도 상용화될 수 있을 거야!
와.. 미래..
두근 두근

상온 초전도체도 미래엔 꿈이 아닐걸!
떴다!
떴어!

중요한 건, 우리 환경을 잘 지키는 것!!
분리 수거도 잘 하고!

생분해 플라스틱도 사용하고!
가자!
친환경 미래로!

미래 인류를 위한 21세기 공학의 미래 기술들

아직 실현되지 않았고, 가까운 미래에도 실현되기는 힘들지만, 만약 개발된다면 그 영향력이 엄청날 것이라고 기대하는 친환경 미래 기술을 소개할게요. 미래 인류를 위한 21세기 과학과 공학 분야의 중요한 목표이기도 해요.

가장 먼저 '상온 초전도체'입니다. 저항이 없어 전류가 흐를 때 에너지가 거의 소비되지 않는 물질입니다. 아주 낮은 온도에서 작용하는 초전도체는 이미 개발되었고 특수한 분야에 쓰이고 있어요. 하지만 우리가 경험하는 평상시의 온도와 압력에서 작동하는 초전도체는 아직 연구 중입니다. 만약 상온 초전도체가 개발된다면 에너지 저장, 인력과 물자를 수송하는 분야 그리고 전력 전송 등 여러 분야에서 획기적인 영향을 미칠 것으로 전망하지요. 하지만 아직은 만족스러운 상온 초전도체 개발

이 쉽지 않아요.

두 번째는 '핵융합발전'이에요. 태양에서 일어나는 핵융합을 지구상에서 이루어내자는 것이죠. 핵융합발전은 고준위 핵폐기물도 만들지 않고 폭발 위험도 거의 없어 기존의 핵발전소보다 훨씬 안전합니다. 연료는 지구에 아주 풍부한 바닷물에서 얻을 수 있고 이산화탄소 등 오염 물질도 생기지 않아요. 어떤 과학자들은 핵융합발전이 이루어지면 기후 위기 문제도 완전히 해결될 거라고 주장하기도 해요. 물론 회의적인 시선으로 보는 이들도 있죠. 현재 2040년 정도 상용화를 목표로 전 세계가 연구에 매진하고 있는 분야인데, 과연 앞으로 20년도 채 되지 않는 시간 안에 개발할 수 있을지 아직 의문입니다.

세 번째는 '플라스틱 대체재'예요. 생활 곳곳에서 필수적인 요소라서 플라스틱 없는 세상을 상상하기 힘들죠. 하지만 플라스틱은 이산화탄소 발생의 주범이고 해양과 토양의 주된 오염물질이기도 해요. 더구나 미세플라스틱 문제는 갈수록 심각해지고 있어요. 현재 생분해성 플라스틱이 개발되고 있지만 플라스틱 전체를 대체하진 못하고 있어요. 플라스틱 종류도 워낙 많고 쓰임새도 정말 다양하기 때문이에요. 그래서 플라스틱을 대체할 수 있는 친환경적이면서도 경제성 있는 신소재 역시 한 가지가 아니라 여러 가지가 될 수밖에 없어요.

상온 초전도체 기술

앞으로는 기후 위기를 극복하기 위해
석유와 석탄에 의존하던 일도 대부분 전기를 쓰게 될 거예요.
그런데 발전소에서부터 우리 집까지 전선을 타고 오는 중에
저항 때문에 손실되는 전기에너지의 양이 만만치 않다고 해요.
저항이 없는 물질이 있다면 전력 소모도 줄지 않을까요?

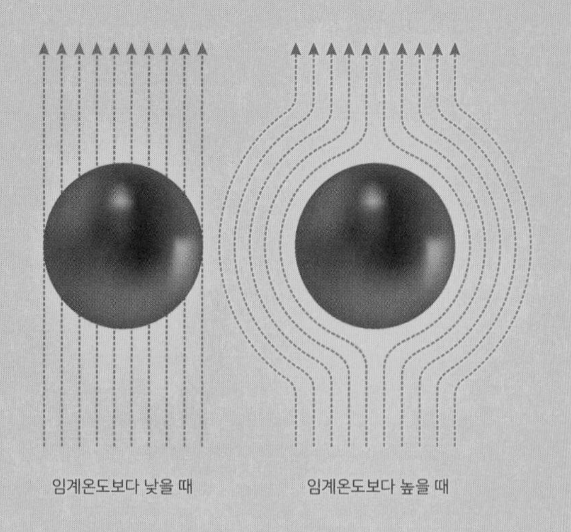

저항이 0인 물질이 있다고?

전기를 사용하면서 과학자들과 기술자들이 가장 고심하는 부분 중 하나가 아깝게 소모되는 전력이었어요.

전기가 발전소에서부터 우리 집까지 전선을 타고 오는 과정에서 전력 손실이 생겨요. 바로 저항 때문이죠. 저항에 의해 전기에너지 일부는 열에너지가 되어 사방으로 퍼져요. 전선에 구리를 사용하는 이유는 그나마 저항이 적기 때문인데 전선이 워낙 길다 보니 손실되는 전기에너지 양이 만만치 않습니다.

그런데 20세기 초, 과학자들은 저항이 0인 물질을 발견합니다. 원래 저항이 커서 전기가 통하지 않는 물질은 부도체, 저항이 작아서 전기가 통하는 물체는 전도체라 불렀는데, 저항이 0이니 '초(超)' 자를 붙여 초전도체라고 이름을 붙였어요.

처음 발견된 물질은 영하 270℃ 아래에서 **초전도 현상**을 보였어요. 이 정도로 온도를 낮추려면 액체 헬륨을 이용해야 해요. 헬륨은 지구에 별로 없는 기체인데 냉각시켜 액체로 만들려면 큰 장비를 써야 하고 비용도 많이 들어요. 더구나 초전도 현상이 계속 일어나려면 이렇게 낮은 온도를 계속 유지해야 하죠. 그러니 발견 자체는 대단히 중요하지만 일상에서 쓰이긴 힘들었어요.

'초전도 현상'은 전기 저항이 사라져 장애 없이 전류가 흐르는 현상을 말해요. '임계온도'는 초전도 현상이 일어나기 시작하는 온도예요.

처음 초전도 현상이 발견되었을 때 과학자들은 이론상으로 영하 240℃보다 높은 온도에서 전기 저항이 사라져 장애 없이 전류가 흐르는 초전도 현상을 보이는 물질을 만들 순 없다고 생각했어요. 그런데 그 뒤 계속된 연구를 통해 20세기 말이 되자 영하 120℃에서 초전도 현상을 보이는 물질을 만들게 되었어요. 영하 120℃도 굉장히 낮은 온도이긴 하지만 영하 270℃에 비하면 150℃나 높은 온도죠. 더구나 이론적 한계를 깨뜨리기도 했고요. 이 정도 온도에서 초전도 현상을 보이는 물질을 고온 초전도체라고 합니다. 여기서 고온이라고 하는 것은 영하 240℃보다 높다는 의미일 뿐 여전히 아주 낮은 온도예요.

하지만 여전히 비용도 비쌀뿐더러 이렇게 낮은 온도를 계속 유지하는 것도 힘들어 실생활에서 사용할 수 있는 데가 마땅

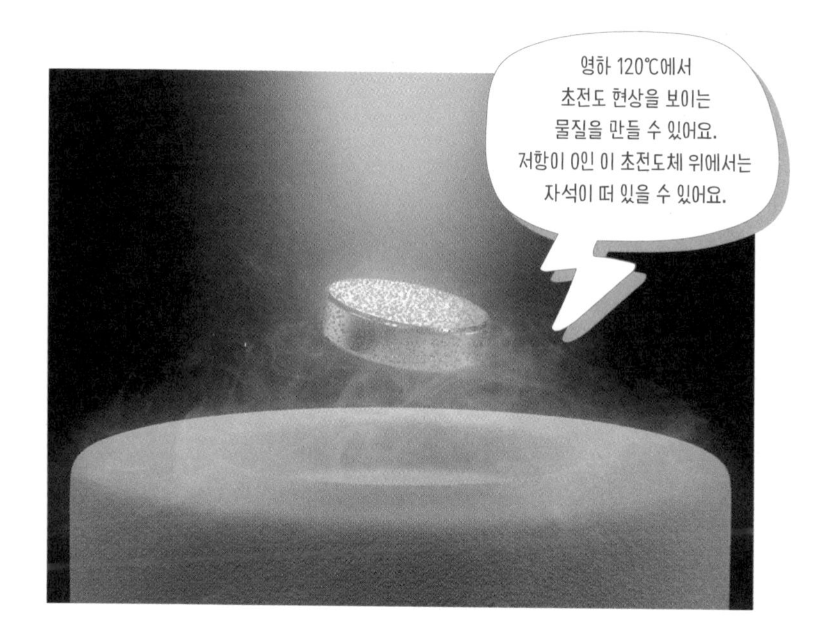

치 않아요. 하지만 아예 사용하지 않는 건 아니에요. 아주 강력한 자기장이 필요한 곳에선 초전도체를 써요.

혹시 솔레노이드에 관해 배웠나요? 원형으로 둘둘 말린 전선에 전류를 흘려주면 주변에 자기장이 생기지요. 이때 전류가 크면 클수록 자기장도 강해져요. 그런데 일반적인 전선에서는 전류가 크면 클수록 저항도 커지죠. 그래서 전력 소모도 크지만 열이 너무 많이 발생해요. 이런 곳에 초전도체를 쓰면 저항이 0이니 전력 소모도 없고 열도 발생하지 않는 거지요. 병원의 자기공명영상(MRI)이 이런 강력한 자기장이 필요해서 초전

솔레노이드

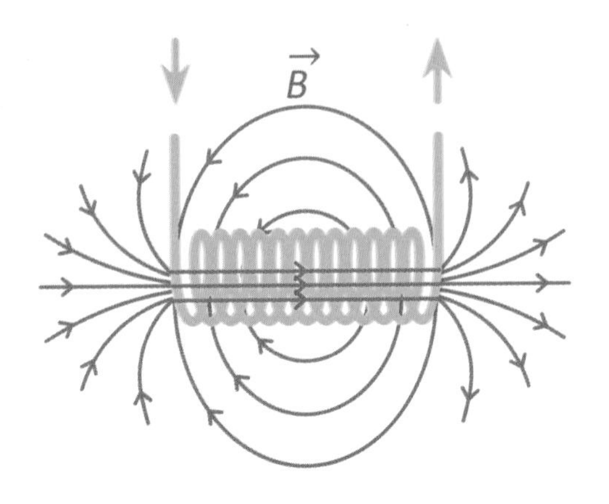

솔레노이드는 둥근 대롱 모양으로 감은 코일에 전류를 흘리면
주변에 자기장이 생기면서 전자석이 돼요.

도체를 사용합니다. 그 외 입자가속기 등 강한 자기장이 필요한 연구에도 쓰이고 있어요.

상온·상압 초전도체가 필요해!

지금 과학자들은 우리가 접하는 일상 온도에서 초전도 현상을 보이는 상온 초전도체를 연구하고 있어요. 2020년에는 미국에서 영상 15℃에서 초전도 현상을 보이는 물질을 발견했어요. 하지만 조건이 까다로워요. 아주 높은 압력을 유지해야 하기 때문이지요. 무려 260만 기압까지 올려야 해요. 온도는 많이 높아졌지만 요구하는 압력이 너무 높아서 이 또한 상용화되긴 힘들죠.

과학자들은 너무 높지 않은 압력과 너무 낮지 않은 온도에서 초전도 현상을 보이는 상온·상압 초전도체를 발견 혹은 합성하려고 연구 중이에요. 그리고 초전도체라고 하더라도 감당할 수 있는 자기장이나 전류에 한계가 있어요. 한계보다 더 높은 자기장이나 전류가 흐르면 초전도 현상 자체가 깨지거든요. 따라서 전류나 자기장을 감당할 수 있는 상온·상압 초전도체라야 해요.

만약 이런 상온·상압 초전도체가 개발된다면 어떤 쓸모가 있을까요? 먼저 전기 수송 분야에서 탁월하게 쓰일 수 있습니다. 앞서 전선에서도 저항 때문에 전기에너지가 소모된다고 했는데 대략 그 비율은 5% 정도입니다. 발전소에서 만든 전기 중 5% 정도가 전선을 지나면서 사라지는 것이죠. 초전도체로 전선을 만들면 이 소모량을 0에 가깝게 만들 수 있습니다. 송전선에서는 전압을 몇십만 볼트로 높인다고 했는데 이 또한 저항에 의해 손실되는 전기에너지를 줄이기 위해서였어요(45쪽 참고). 그런데 전선을 초전도체로 만들면 저항이 0이니 전압을 높일 필요가 없어요. 그러면 변전소 또한 이전처럼 대규모로 구성할 필요가 없어집니다.

또 고압 송전선이 굵은 이유는 저항을 줄이기 위해서인데 초전도체로 전선을 만들면 그렇게까지 굵게 만들 이유가 없지요. 현재 고압 송전선은 알루미늄으로 만드는데 이유는 구리로 굵게 만들면 무거워서 처지기 때문이에요. 이런 어려움이 사라지면 송전 과정에서 발생하는 에너지 소모도 줄어들고 건설 비용과 유지 비용도 낮아지죠. 앞으로 태양광이나 풍력발전 등 재생에너지를 중심으로 전기를 만들게 되면 전력을 보내고 받는 전력망이 훨씬 더 복잡해져요. 거기다 훨씬 더 길어지지요. 결국 이 과정에서 손실되는 전력에너지도 늘어날 수밖에 없어요. 여기에 초전도체를 사용할 수 있으면 전력에너지 손실을 많이 줄일 수 있으니 도움이 됩니다. 또 하나 장점은 이렇게 줄어드는 에너지만큼 화력발전소를 빨리 줄일 수 있다는 거죠.

지하철이나 열차를 자기부상 방식으로 바꿀 수도 있어요. 초전도체를 이용한 자기부상열차는 선로에서 2~3cm 정도 띄워 올라가 공중에서 열차가 달리는 거예요. 바닥과 닿지 않아 마찰이 없으니 전기에너지가 훨씬 적게 들고 속도도 빨라지죠. 또 진동도 없고 소음도 없어요. 지금도 자기부상열차의 기본 원리나 기술은 모두 확보되어 있어요. 실제 시범적으로 운행도 하고 있죠. 다만 현재는 아주 낮은 온도에서만 초전도 현상이

자료 : Wikimedia Commons
자기부상열차 HML-03은 1993년 대전 엑스포 때 엑스포 행사장에 설치되어 일반 운행했어요.
HYUNDAI
HML-03
MAGLEV
HYUNDAI
EXPO'93

자료 : Wikimedia Commons
Minseong Kim
자기부상철도 에코비가 인천공항에서 운행되기도 했어요.
1002A

일어나니 선로 전체에 깔릴 초전도체를 이렇게 낮은 온도로 유지하려면 비용이 너무 많이 들어요. 그래서 초전도체가 아닌 일반 전자석을 이용해요. 시범 서비스로만 운용 중이죠. 만약 상온·상압 초전도체가 개발되면, 그리고 너무 비싸지만 않으면 KTX와 지하철을 모두 자기부상 방식으로 바꿀 수 있어요. 이게 가능해지면 열차를 운행하는 데 필요한 전기에너지를 대폭 줄일 수 있습니다. 그렇게 된다면 온실가스 배출량도 따라서 대폭 줄어들지요.

초전도체는 에너지 저장 장치에도 응용이 가능해요. 전선으로 코일을 만들어 끝을 이어주면 그 안에 전기에너지를 가둬둘 수 있어요. 이를 이용하면 일종의 배터리를 만들 수 있죠. 하지만 기존의 전선은 저항이 있어 전류가 돌면서 열에너지를 내놓게 됩니다. 그래서 전기에너지가 점점 줄어드는데 초전도체로 전선을 만들면 이런 문제가 사라지죠. 이를 이용하면 전기에너지 저장 장치로도 사용할 수 있습니다. 이론적으로는 아주 오랜 시간 동안 전력을 저장할 수 있죠. 태양광이나 풍력처럼 전기 생산량이 들쭉날쭉한 재생에너지와 아주 궁합이 잘 맞는 친구입니다.

사실 전기에너지 저장 장치로는 리튬이온 배터리와 수소 저장 장치가 가장 주목을 받고 있는데 둘 다 약점이 있어요. 리튬이온 배터리는 제작 과정에서 온실가스가 많이 나오고, 전기를 오래 저장하기 힘들죠. 수소 저장 장치는 수소를 만들고, 운반하고, 저장하는 과정에서 에너지 손실이 커요. 초전도체 저장 장치는 이런 두 가지 문제를 모두 해결할 수 있어요. 반도체에서도 전력 소모를 줄이고 발열 현상을 줄이는 등 무궁무진한 활용 방안이 있어요.

하지만 상온·상압 초전도체가 개발되고 실생활에 쓰이게 되기까지는 아직 꽤 오랜 시간이 걸릴 것으로 보입니다. 여러분이 이공계 학과를 전공하게 된다면 이런 초전도체 개발을 해보는 건 어떨까요?

이런 것도 생각해 보기

초전도체를 쓰는
또 다른 방법은 뭘까?

상온·상압에서 작용하는 초전도체가 실제로 만들어지면 우리 일상에 어떻게 적용되나요? 송전망을 초전도 전선으로 구축하고, 열차나 지하철을 모두 자기부상으로 만들 수도 있을까요?

그런데 초전도체에 관심을 가지는 또 다른 사람들도 있어. 군사용 장비를 만드는 회사들이야. 코일건이란 무기 때문인데 기본 원리는 자기부상열차와 같아. 열차 대신 포탄을 쏘는 것만 달라.

코일건은 원리 자체가 간단해서 아마추어들도 직접 제작이 가능할 정도야. 하지만 군사용으로 사용하려면 여러 문제가 있어 현재 실제 사용되고 있지는 않아. 그중 하나가 아주 높은 전압을 내야 해서지. 자기부상열차처럼 어마어마한 전력이 소모되거든. 하지만 초전도체를 사용한다면 상황이 달라져. 아주 적은 전력으로도 사용할 수 있거든. 초전도 기술이 군사용으로도 얼마든지 사용될 수 있다는 이야기지. 일상생활을 편리하게 혹은 풍요롭게 만드는 기술이 군사 용도로도 사용될 수 있을 때 이를 이중용도 기술이라고 해.

이중용도 기술은 생각보다 훨씬 많아. 자율주행 기술도 마찬가지지. 기존의 탱크나 자주포, 장갑차는 모두 사람이 운전해야 하지만 만약 이런 전투용 차에 자율주행 기술이 쓰인다면 사람이 필요 없어. 나머지 포탄을 쏘는 기능도 원격으로 조정하면 되니 완전 무인 탱크, 무인 자주포, 무인 장갑차가 등장하게 될 테고.

핵융합발전도 마찬가지야. 소형 핵융합발전 장치를 장착한 잠수함이나 군함은 연료 걱정 없이 바다를 누빌 수 있어. 인공지능 기술도 발전하면 아군과 적군을 구별하고, 적군의 진형을 분석해서 가장 최선의 작전을 짤 수 있지. 유전공학 기술은 생화학 무기에 응용이 가능해. 인공위성을 우주로 보내는 로켓 기술은 미사일에도 동일하게 적용돼. 새롭게 개발되는 기술이 군사 무기에 사용되는 걸 좋게만 볼 수는 없는 일이니 이 또한 같이 고민할 문제야.

핵융합발전 기술

태양은 엄청난 양의 빛 에너지를 내뿜고 있어요.
태양의 75% 정도는 수소이고 나머지 25%는 헬륨인데
수소의 원자핵들이 충돌하면서 헬륨 원자핵이 되는
핵융합 반응을 계속하면서 빛을 내는 거예요.
태양이 아닌 지구에서도 핵융합을 통해
에너지를 얻을 수 있을까요?

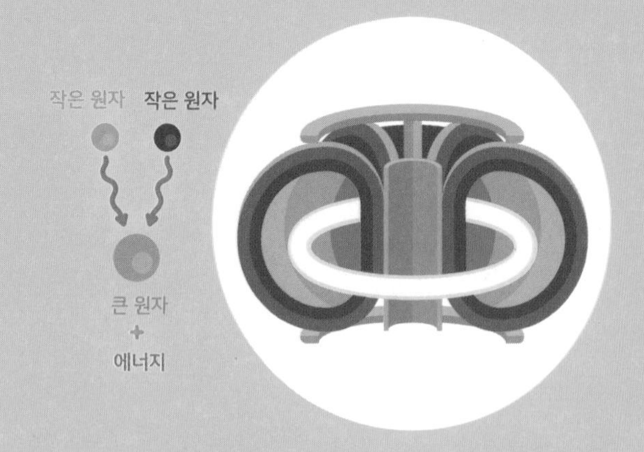

태양은 왜 빛날까?

지구는 대략 지금으로부터 45억 년 전에 탄생했어요. 지구보다 더 일찍 만들어진 태양은 우주로 어마어마한 양의 빛을 내뿜고 있죠. 지금도 여전히 활활 타오르고 있는 태양은 앞으로도 대략 40억 년 이상 타오를 거예요. 옛날 사람들은 태양이 거대한 석탄이라 여겼어요. 태양의 크기와 태양으로부터 오는 빛 등을 계산해서 태양의 수명이 몇천 년밖에 남지 않았다고 크게 걱정했지요.

하지만 현재에도 태양은 빛나고 있죠. 태양은 어떤 원리로 이렇게 오랫동안 빛을 내는 걸까요? 답은 20세기 들어 비로소 밝혀졌어요. 태양은 아주 거대합니다. 지름이 지구의 109배에 달하고 부피는 100만 배가 넘어요. 이렇게 거대하니 중력도 아주 큽니다.

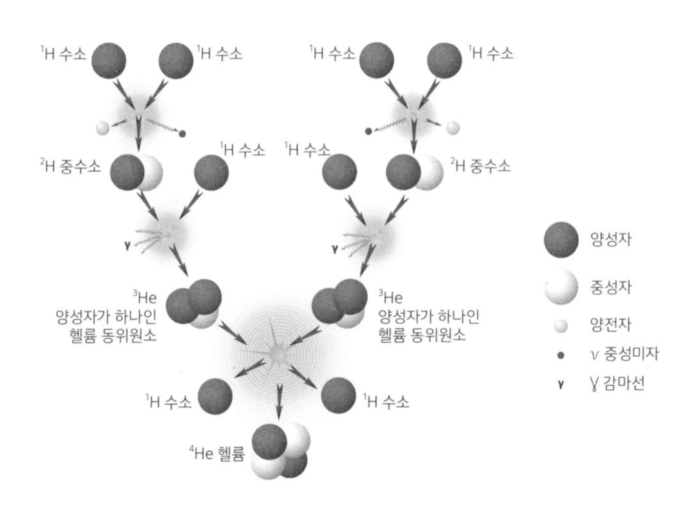

태양에서 수소와 헬륨이 핵반응을 하면서 핵융합이 이루어지고 이 과정에서 빛이 발산돼요.

그래서 태양의 중심, 핵은 지구 표면에 비해 2,600억 배나 더 압력이 높아요. 가장 가벼운 원소인 수소와 헬륨이 대부분인데 밀도도 철보다 20배나 더 높고요. 이러니 수소와 헬륨이 서로 부딪쳐 온도가 1,500℃나 됩니다.

> 원자는
> 물질의 기본 구성단위에요.
> 원자 중심에는 양성자와
> 중성자로 이루어진 원자핵이 있고
> 주변에 전자 여러 개가 있어요.

이런 조건에서는 수소의 **원자핵**들이 충돌해서 헬륨의 원자핵이 되는 핵융합반응이 일어나요. 수소의 원자핵은 양성자가

1개인데 헬륨의 원자핵은 양성자 2개와 중성자 2개로 이루어져 있어요. 수소 원자핵 4개가 부딪쳐서 헬륨이 되면서 양성자 2개가 중성자로 바뀝니다. 이 과정에서 질량 일부가 사라져 빛 에너지가 되죠. 가벼운 핵들이 결합해 좀 더 무거운 핵이 되는 거예요. 태양은 바로 이 핵융합으로 100억 년 가까이 빛을 낼 수 있습니다.

원자력발전과 핵융합발전은 어떤 게 다를까?

이런 사실을 알게 된 과학자들은 20세기부터 지구에서도 어떻게 하면 핵융합을 통해 에너지를 얻을 수 있을지 연구하고 있어요. 핵융합으로 전기를 만들면 에너지 문제를 완전히 해결할 수 있을 거라고 생각해서지요. 그런데 많은 이가 원자력발전과 핵융합발전이 서로 비슷한 것이라고 오해하고 있어요. 여기에서는 우선 이 둘이 어떻게 다른지를 살펴볼게요.

E는 에너지,
m은 질량, c는 광속.
질량이 사라질 때
에너지는 질량에
광속의 제곱을
곱한 만큼 생겨요.
그래서 질량이
아주 조금만 줄어들어도
어마어마한 에너지가
만들어져요.

사실 공통점은 둘 다 아인슈타인의 특수상대성이론에서 가장 유명한 식인 $E=mc^2$의 원리를 이용한다는 거예요. 딱 여기까지만 같고 나머지는 다 달라요.

우선 원자력발전은 핵융합발전과 반대로 우라늄의 원자핵이 분열될 때 만들어지는 에너지를 이용해요. 따라서 연료로 우라늄을 사용하죠. 자연 상태의 우라늄으로는 힘들어 농축시킨 우라늄 연료봉을 이용해요. 하지만 연료봉 안의 우라늄을 모두 다 사용하진 못해요. 어느 정도 사용하고 나면 핵분열 속도가 느려져 쓸 수가 없죠. 그런데 더 이상 사용할 수 없어 원자로에서 빼낸 연료봉(폐연료봉)은 버릴 수가 없어요. 발전하기에는 무리가 있지만 여전히 핵분열이 일어나기 때문에 아주 많은 방사능이 나오니까요. 핵분열 과정에서 발생하는 열 때문에 온도도 굉장히 높아요. 거기다 이 폐연료봉에서 방사능이 사라지기까지는 1만 년이 넘는 오랜 시간이 걸려요. 이렇게 위험한 물질이 원자력발전소에서 계속 나오지만 안전하게 관리할 장소를 구하기가 힘들어요. 원자력발전의 가장 큰 문제지요. 우크라이나의 체르노빌 핵발전소는 35년 전에 사고가 발생했는데 지금도 주변은 출입이 금지되어 있죠.

반면 핵융합발전은 중수소를 이용해서 헬륨을 만들고 이 과정에서 나오는 에너지를 이용하죠. 중수소나 헬륨은 방사능을 내지 않거나 내놔도 아주 작은 양이기 때문에 핵폐기물에 대해 걱정할 필요가 없어요. 물론 핵융합 과정에서도 중저준위 핵폐기물은 나오는데 이는 현재 기술로도 충분히 처리할 수 있어요. 10년 정도 보관하면 되니 부담이 아주 적죠. 더구나 원자력발전의 연료인 우라늄은 매장량에 한계가 있지만 핵융합발전의 연료인 중수소는 앞으로 수백만 년 동안 이용해도 될 정도로 많이 있어요.

핵융합발전은 어떻게 할까?

그렇다면 방사능도 별로 없고 연료도 무제한인 핵융합발전을 하는데 가장 어려운 점은 무엇일까요? 일단 가장 큰 문제는 중수소의 온도를 아주 높이 올려야 한다는 거예요. 태양은 압력이 지구 표면에 비해 2,600억 배로 아주 높아 1500℃라는 비교적 낮은 온도에서도 핵융합이 일어나죠. 그러나 지구에서는 압력이 낮으니 대신 온도를 1억℃ 정도로 올려요. 이때 중수소는 원자핵과 전자가 분리된 플라스마 상태가 돼요.

매우 높은 온도에서 분리된
전자와 핵이 고루 섞여 있는 상태를 말해요.
고체나 액체, 기체를 넘어선
물질의 제4의 상태라고 볼 수 있어요.

그런데 1억℃면 담을 용기가 없어요. 온도가 높아 웬만한 건 다 녹겠죠. 그래서 공중에 띄워 놓아요. 플라스마의 원자핵은 양(+)전기를 띠고 전자는 음(-)전기를 띠죠. 이렇게 전기를 띠면 자기장으로 공중에서 도넛처럼 원을 그리며 회전하게

토카막이라는 핵융합 장치 안에 플라스마를 넣고 플라스마를 둘러싼 코일에 전류를 흘리면
강한 유도 전기장이 형성되면서 플라스마는 도넛 모양으로 돌아요.
여기에 에너지를 계속 공급하면 1억℃ 이상 온도가 올라가면서 핵융합이 일어나요.

만들 수 있어요. 문제는 이 상태를 오래 유지하기가 어렵다는 거예요. 어려워도 아주 어려워요. 이 분야에서 가장 앞서가는 곳이 우리나라 핵융합에너지연구원이에요. 실험용 핵융합로인 케이스타(KSTAR)에서 2022년에 1억℃를 30초간 유지했는데 이 기록이 세계에서 가장 오래 버틴 거예요. 2025년까지 300초를 버티는 것이 다음 목표예요. 하지만 핵융합발전을 제대로 하려면 이보다 훨씬 오래 버텨야 하죠.

핵융합발전이 어려운 또 하나는 '융합 에너지 이득계수' 문

제예요. 간단히 말해서 핵융합로를 1억℃로 유지하는 데 필요한 에너지와 핵융합으로 얻어지는 에너지 사이의 비율이에요. 그런데 이 값이 아직 1이 되질 않아요. 들어가는 에너지가 만들어지는 에너지보다 더 많은 거지요. 현재 다른 발전 방식과 비교해 보면 들어가는 에너지보다 만들어지는 에너지가 22배 정도 더 많아야 경쟁력이 있어요. 물론 1억℃를 유지하는 시간이 길어지면 길어질수록 이 이득계수가 높아지겠지만 이 또한 쉽게 해결하기 힘든 문제죠.

핵융합발전을 연구하는 이유는 뭘까?

왜 이렇게 개발하기가 힘든 핵융합발전을 전 세계가 나서서 연구하고 있을까요? 태양광발전이나 풍력발전 같은 재생에너지를 이용하면 될 텐데 말이지요.

가장 중요한 이유는 우리나라도, 세계 전체로도 전력 사용량이 계속 증가하고 있기 때문이에요. 우리나라만 보면 21세기 들어 매년 전기 사용량이 2~3%가량씩 증가하고 있어요. 이대로라면 2050년쯤에는 현재 전기 사용량의 2.5배 정도로 커질 거라 예상하죠. 전 세계적으로도 전기 사용량은 꾸준히 증가하고 있고요.

물론 저전력 기술 등을 통해 사용량을 줄이는 노력도 중요하지만, 매우 길게 봤을 때 이런 증가량을 재생에너지만으로 감당하는 것은 쉽지 않은 일이에요. 태양광발전을 하려면 패널을 펼쳐놓을 공간이 필요한데 땅이 무한정 넓은 게 아니니까요. 또 풍력발전을 한다고 하더라도 한계가 있게 마련이지요. 육지에서 너무 멀면 생산한 전기를 가져올 송전망을 길게 만들어야 하는데 그 또한 비용이 많이 들게 되고 기술적으로도 쉽지 않으니까요. 그리고 재생에너지는 일정한 양의 전기를 안정적으로 생산할 수 없다는 문제가 있어요. 물론 이를 해결하기 위해 수전해 시설을 갖추고 에너지 저장 장치를 확보하고 스마트 그리드를 구축하는 등의 대안을 만들죠. 그 외에도 다양한 문제가 있죠.

그런데 핵융합발전이 가능해지면 이런 수고를 덜 수 있어요. 핵융합발전시설은 다른 발전 방식에 비해 안전하고 또 환경 오염을 일으키지 않으니 전기를 대량으로 소비하는 지역마다 설치하고 안정적으로 전기를 공급할 수 있어요. 기존 화석연료 발전과 재생에너지가 가지는 문제 모두를 해결할 유력한 대안이니 개발에 나서지 않을 수 없어요.

하지만 핵융합발전이 상용화되더라도 모든 지역에서 바로 적용되는 것은 아니에요. 발전소 건설 및 관리를 위한 기술력과 인력 등의 문제도 있어요. 따라서 우리는 핵융합발전이 기대되는 대안임은 틀림없지만, 단기간 내 모든 문제를 해결하고 상용화할 수 있는 것은 아니에요. 아무리 빨라도 2040년 이전에는 상용화가 되기 어려워요. 그러니 핵융합발전의 개발과 상용화를 기다리는 동안에도 우리는 재생에너지 시설 증설과 더불어 전력 수요를 줄이는 노력을 계속해야 해요. 어쩌면 핵융합은 우리 인류가 기후 위기를 극복한 다음 주어질 선물 같은 것일 수도 있어요.

이런 것도 생각해 보기

핵융합발전이 되면 전기를 펑펑 써도 될까?

핵융합발전에 관한 뉴스가 가끔 나올 때마다 핵융합이 모든 걸 바꿔놓을 거라고 하잖아요. 핵융합발전만 이루어지면 전기를 펑펑 써도 되나요?

글쎄 과연 그럴까? 핵융합발전의 원료가 되는 중수소는 바다에 거의 무한하게 있고, 전기를 만드는 과정에서 이산화탄소 같은 온실가스가 나오지 않고, 방사성 폐기물 또한 그리 많지 않으니 그렇게 생각할 수도 있지. 하지만 정말 그래도 될까?

실은 그렇지 않아. 20년 전쯤 우리 집 정보통신 요금은 한 달에 4~5만 원 정도였어. 전화기 1대, 인터넷 회선 1개, 그리고 케이블 TV 요금이 다였으니까. 그런데 현재 우리 집 정보통신 요금은 휴대폰 4대, 인터넷 회선 1개, IP TV, 거기에 주문형 비디오(OTT) 요금까지 합해서 20만 원 가까이 나와. 냉장고는 이전에 비해 두 배 정도 커졌는데 김치냉장고가 따로 필요해졌고, 가스레인지가 있지만 전자레인지와 에어프라이어와 전기 오븐도 쓰지. 세탁기도 용량이 더 커졌고 크고 작은 다양한 종류의 가전제품도 늘어났어. 그러니 전기요금도 이전보다 더 많이 내.

이렇게 생활의 편리함을 위해 더 많은 전기전자제품을 사용하는 것이 과연 괜찮은 걸까? 우리가 쓰는 제품에는 리튬, 헬륨, 팔라듐, 코발트, 백금 등 다양한 물질이 사용되는데 언젠가는 바닥이 날 수밖에 없어. 우리가 더 많은 전기제품을 사용한다는 건 미래 세대의 자원을 빼앗는 걸 수도 있다는 뜻이야.

또 더 다양한 제품을 사용하면 그만큼 제조 과정에서 이산화탄소와 기타 오염 물질이 더 많이 발생한다는 뜻이기도 하고. 우리는 자원을 가져다 쓰면서 지구 생태계를 파괴하고 있어. 더 많은 전기를 쓴다는 건 더 많은 자연을 파괴해 숲을 없애고, 숲에 자리한 생물들을 없애는 일이기도 해. 기후 위기는 우리에게 편리함 대신 지구의 다른 생물들과 공존하는 방법을 택하라고 요구하고 있다는 점을 생각해야지 않을까?

자연에서 분해되는 플라스틱 만들기

플라스틱 제품을 쓰지 말자는 운동이 활발하게 벌어지고 있지만
플라스틱 제품이 없는 세상은 상상하기가 힘들어요.
빛에도 분해되고 땅속에서도 잘 분해되는
생분해성 물질을 만들어 쓴다면 어떨까요?

편리하지만 골칫덩이인 플라스틱

우리의 일상은 플라스틱이 없으면 유지될 수 없습니다. 옷, 신발, 모자, 가방, 가전제품, 책상과 의자 모든 물건에 조금씩이라도 플라스틱이 쓰이니까요. 이런 플라스틱은 종류도 다양하죠. 폴리에틸렌, 나일론, 폴리프로필렌, 폴리스타이렌, 폴리에스터, 폴리염화비닐, 폴리우레탄, 폴리카보네이트 등 수십 가지가 넘는 플라스틱이 있죠. 종류에 따라 성질도 다르고 여러 모양으로 만들기도 좋고 재료를 구하기도 쉬우며 무엇보다 가격이 싸죠. 그래서 대략 100년 정도의 역사를 가진 플라스틱은 나무나 철, 종이 등 다른 제품을 빠르게 대신하며 우리 생활을 지배하고 있어요.

이런 플라스틱은 편리하기는 하지만 온실가스를 만드는 주범이에요. 플라스틱 원료인 석유는 탄소와 수소가 주를 이루

는 화합물입니다. 석유에서 플라스틱 원료인 에틸렌이나 프로필렌 등을 만드는 과정은 아주 높은 온도에서 이루어져요. 온도가 높다 보니 화합물이 쪼개지면서 튀어나온 탄소가 공기 중의 산소와 만나 이산화탄소나 일산화탄소 등을 만듭니다. 플라스틱 원료로 실제 제품을 만드는 과정도 아주 높은 온도에서 이루어지는데 역시 일부가 쪼개지면서 탄소가 나오고 산소와 만나 이산화탄소가 되죠.

또 플라스틱 제품을 다 쓰면 재활용하거나 아니면 묻거나 태우게 됩니다. 물론 가장 좋은 건 재활용을 하는 것이죠. 하지만 종류에 따라 재활용할 수 없는 플라스틱도 있고, 가능하더라도 한두 차례에 그치는 경우가 대부분입니다. 결국에는 재활용 플라스틱도 묻거나 태워야 하지요.

그런데 플라스틱 안에는 탄소가 있으니 태울 때 이산화탄소가 나와요. 그리고 플라스틱을 구성하는 다른 원소들도 타면서 다이옥신 등 유해 물질을 만들죠. 그래서 원칙적으로 플라스틱 제품은 태우기보다는 매립하는 걸 우선시합니다.

플라스틱은 왜 분해되지 않을까?

그런데 플라스틱은 분해가 잘 되질 않아요. 몇백 년이고 그 상태를 유지하지요. 매립할 땅은 한정되어 있는데 버릴 플라스틱은 계속 늘어나니 큰 문제죠. 또 우리가 버린 플라스틱 일부는 바다로 흘러 들어가는데 여기서도 분해가 되질 않으니 바닷속도 온통 플라스틱이에요. 바다로 간 플라스틱은 잘게 쪼개져 미세플라스틱이 되고, 바다 생물의 몸 안에 쌓이다가 먹이 연쇄를 따라 결국 우리 몸에도 쌓여요.

그러면 왜 플라스틱은 분해가 되질 않는 걸까요? 이유는 지구에서 처음 선보이는 물질이기 때문이에요. 생태계에서 죽은 생물의 분해를 맡아서 하는 이를 분해자라고 하죠. 분해자에는 세균과 원생동물, 곰팡이 등이 있어요. 이들은 단백질, 지방, 탄수화물 등 탄소가 중심인 유기물을 썩히고 발효시키며

분해하고 그 과정에서 영양분을 섭취하게끔 진화되었어요. 그런데 이들은 각자 분해하는 물질이 따로 있어요. 어떤 세균은 단백질만 분해하고, 또 다른 곰팡이는 식물성 탄수화물만 분해하는 식으로 역할이 나누어져 있죠. 그런데 이 분해자들 처지에서 보면 플라스틱은 완전히 생소한 물질인 거예요. 처음 보는 물질이니 이를 분해할 분해자도 없죠.

쌓이는 플라스틱 폐기물에 대한 대책은 뭘까?

그래서 기존 플라스틱 대신 분해가 잘 되는 생붕괴성 플라스틱, 광분해성 플라스틱 그리고 생분해성 플라스틱 세 가지를

만들었어요. 그중 생붕괴성 플라스틱은 기존 플라스틱 재료에다가 전분 같은 생분해성 물질을 일부 포함해서 만듭니다. 이 경우 전분 부분이 분해되면서 커다란 플라스틱 제품이 잘게 쪼개져요. 하지만 쪼개진 플라스틱이 여전히 분해되지 않는 문제가 남아 있죠.

다음으로 광분해성 플라스틱은 햇빛 중 자외선을 이용해 고분자 고리를 끊는 방식입니다. 플라스틱 재료에 광분해 촉진제와 자외선 안정제를 섞어 만들어요. 자외선 안정제가 들어 있어 처음에는 분해가 되질 않죠. 그러나 사용하는 동안에 자외선 안정제가 자외선과 만나 조금씩 줄어들어요. 안정제가 거의

사라지면 이제 광분해 촉진제가 자외선과 반응해서 플라스틱을 분해합니다. 그런데 광분해 촉진제에는 중금속이 있어요. 그래서 토양이 중금속에 오염되는 문제가 생기죠. 거기다 이 플라스틱을 땅에 묻어버리면 햇빛이 닿지 않으니 분해가 되지 않는 문제도 있어요.

결국 생붕괴성 플라스틱과 광분해성 플라스틱은 기존 플라스틱 문제를 완전히 해결하기 힘듭니다. 남은 건 생분해성 플라스틱뿐이죠. 생분해성이란 생태계에 존재하는 분해자, 즉 세균이나 다른 미생물에 의해 분해된다는 뜻이에요.

생분해성 플라스틱은 식물로 만드는 바이오 플라스틱과 석유로 만드는 석유 플라스틱 두 가지가 있어요. 그런데 석유로 만들면 제조과정에서 온실가스가 나오니 되도록 식물을 원료로 만드는 바이오 플라스틱이 환경에는 더 좋죠. 매년 새로 식

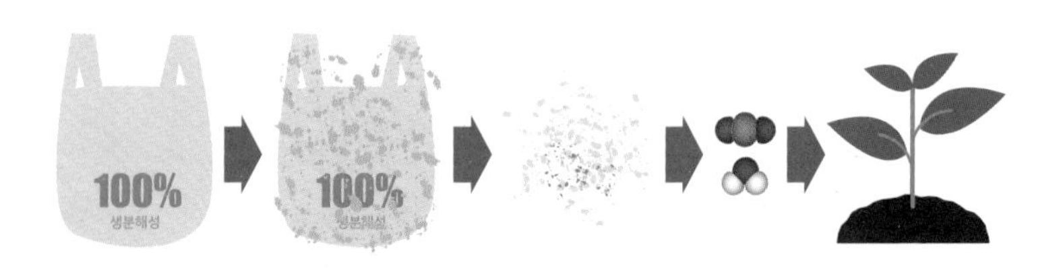

생태계에 존재하는 세균이나 다른 미생물에 의해
분해되는 플라스틱을 생분해성 플라스틱이라고 해요.

물을 재배하면 재료를 항상 구할 수 있고, 또 재배 과정에서 식물이 이산화탄소를 흡수하기도 하죠.

이런 바이오 생분해성 플라스틱으로는 옥수수로 만드는 젖산중합체(PLA)와 미생물이 만드는 폴리하이드록시알카노에이트(PHA) 등이 있어요.

PLA는 옥수수 전분을 포도당으로 분해한 뒤 이를 발효시켜 젖산을 만들어요. 이 젖산을 중합하면 기존 플라스틱인 폴리에스테르(폴리에스터)나 폴리아마이드와 비슷한 PLA를 얻을 수 있어요.

간단한 분자 여러 개가 서로 결합하여 고분자 물질을 만드는 화학반응을 말해요. 우리가 쓰는 플라스틱 대부분이 이런 중합반응으로 만들어져요.

PHA는 폴리에틸렌이나 폴리프로필렌과 비슷한 특성을 가지는데 세균에서 만들어요. 어떤 세균을 이용하느냐에 따라 다양한 PHA가 만들어지죠. 주로 산소와 질소가 거의 없는 조건에서 포도당 등 탄소화합물을 공급하면 세균이 발효 과정을 통해 PHA를 만들어내요. 하지만 세균을 배양한 후 발효 과정을 거치는 것이 쉽지 않아서 가격이 비싸고 생산 규모를 확대하기가 쉽지 않아요.

지금도 만들고 있는 생분해성 플라스틱 이야기를 '미래 기술'에 넣은 것은 상용화되기에는 아직 갈 길이 멀기 때문이에

요. 현재 가장 많이 사용되는 PLA의 경우 가격도 싸고 환경 호르몬이나 중금속 등의 유해 물질이 나오지 않는 장점이 있지만 분해가 아주 잘 되는 건 아니에요. 수분 70% 이상, 섭씨 58℃ 이상이어야 분해가 되죠. PHA는 조건과 관계없이 분해되는 장점이 있지만 가격이 매우 비싸고요.

더구나 앞에서 살펴본 것처럼 플라스틱은 종류가 대단히 많아요. 그만큼 쓰임새도 다양하죠. 그러니 기존의 생분해성 플라스틱만으로 그 요구를 다 맞출 순 없죠. 2020년 전 세계 플라스틱 생산량은 3억 6,700만t이나 됩니다. 그런데 생분해성 플라스틱 생산량은 100만t이 조금 넘어 0.3% 정도예요. 생분해성 플라스틱의 사용량이 빠르게 증가하고 있지만 아직은 한참 멀었죠. 물론 플라스틱 사용 자체를 줄이는 노력도 대단히 중요하지만, 분해되지 않는 플라스틱을 대체할 수 있는 더 다양한 생분해성 물질을 개발해야 해요.

이런 것도 생각해 보기

생분해성 플라스틱이라면 막 사용해도 될까?

생분해성 플라스틱이면 쓰레기로 남지 않으니까 맘껏 사용해도 괜찮은 거 아닌가요? 그런데 왜 환경단체들은 계속 우려하는 걸까요?

생분해성 플라스틱이라도 완전히 친환경은 아니기 때문이야. PLA만 해도 분해되는 조건이 까다롭거든. 그런데도 기존 플라스틱으로 만들던 일회용품을 생분해성 플라스틱으로 만들면 규제 대상이 안 돼. 일회용 플라스틱 사용이 오히려 늘어나는 부작용이 더 크다는 거지. 또 생분해성 플라스틱이라도 분해되는 과정에서 이산화탄소는 발생하거든.

물론 플라스틱을 꼭 써야 하는 경우 생분해성 플라스틱을 사용하는 것이 기존 플라스틱을 계속 쓰는 것보다는 나아. 해양 플라스틱 폐기물 중 가장 많은 양을 차지하는 것이 어민들이 쓰는 부표나 그물 같은 것인데 이렇게 꼭 필요한 경우에는 생분해성 플라스틱으로 바꾸는 것이 필요해.

하지만 생분해성으로 바꾸기보다는 일회용품을 아예 쓰지 않는 것이 더 중요하지 않을까? 그린피스에 따르면, 2017년 한국인 한 명이 일 년 동안 생수 페트병 96개와 일회용 플라스틱 컵 65개, 비닐봉지 460개를 사용했다고 해. 한국인 전체가 일 년 동안 사용한 비닐봉지는 한반도 70%를 덮을 수 있는 양이고 플라스틱 컵을 쌓으면 지구에서 달까지 닿아. 페트병으로는 지구를 10바퀴 넘게 두를 수 있을 정도야. 거기다 우리나라 플라스틱 폐기물의 재활용 비율은 약 62%야. 즉, 38%는 매립을 해. 더구나 재활용 중 플라스틱을 태워 화력발전에 필요한 에너지를 만드는 경우를 제외하면 진정한 의미의 재활용은 22.7%밖에 되질 않아. 그래서 우리나라 정부에서도 2030년부터 모든 업종에서 일회용 플라스틱 제품 사용을 전면 금지하기로 한 거지.

결국 플라스틱 문제를 해결하는 데 중요한 것은 되도록 플라스틱을 사용하지 않는 거야. 특히 일회용품! 생분해성 플라스틱이라고 해서 일회용품을 마구 쓰는 건 친환경이 아닌데도 친환경적인 것처럼 홍보하는 '그린워싱(greenwashing)'이 될 수도 있어.

꼬리말

20세기만 하더라도 오존층 파괴, 토양 오염, 해양 오염, 플라스틱 문제, 지구온난화 등이 비슷한 수준으로 심각한 환경 문제였어요. 그런데 21세기 들어 기후 위기가 다른 환경 문제를 압도하고 있어요. 다른 환경 문제의 심각성이 줄어들어서가 아니라, 기후 위기가 너무 심각해져서 그 대책을 세우는 것이 워낙 시급해졌기 때문이지요.

그래서 이 책에서도 기후 위기에 대한 과학 기술적 대응을 중심에 두었어요. 현대인의 삶에 핵심인 전기를 어떻게 친환경적으로 바꿀 것인가에 관해 살펴보았고, 산업 부문에서 이산화탄소 발생량을 줄일 수 있는 다양한 방법을 살펴보았지요. 주요하게는 이산화탄소 포집 기술과 수소환원제철 그리고 저전력 반도체를 다루었지만, 다른 산업 분야에서도 이 책에서 소개하지 않은 이산화탄소 배출량을 줄이기 위한 다양한 기술이

개발되고 있어요.

그리고 이산화탄소 발생에 주요한 영향을 끼치는 수송 부분에서의 친환경 신기술이 어떻게 진행되고 있는지를 살펴보고, 현재는 활용되지 못하지만 앞으로 기후 위기를 비롯한 환경 문제를 해결하는 데 크게 이바지할 수 있는 미래 신기술을 살펴보았어요.

글 중간중간에 '이런 것도 생각해 보기'를 넣었어요. 환경 문제 해결이 기술로만 가능하지 않다는 것을 같이 생각해 보려는 것이 가장 중요한 이유예요. 우리 사회에 당면한 문제를 과학기술이 발달하면 완전히 해결할 수 있을 것처럼 여기는 '기술 절대주의', '과학 절대주의'에 대한 우려 때문입니다.

과학기술의 발달은 문제 해결에 일정 부분 기여를 하지만 가장 중요한 것은 우리의 자세와 사회적 합의입니다. 이산화탄소

발생량을 줄이기 위해 우리가 모두 지금보다 더 불편해질 것을 합의하고 실천하는 것이 더 중요하다는 뜻이지요.

또 어떤 기술도 완벽하지 않다는 점도 얘기하고 싶었습니다. 우리 인간이 불완전한 것처럼 인간이 개발한 기술 또한 어떤 것이든 불완전하며 장점과 함께 단점을 가지고 있습니다. 이를 알고 기술을 사용해야겠지요.

'이런 것도 생각해 보기'를 넣은 또 다른 이유는 하나의 사물, 하나의 현상을 다양한 측면에서 살펴볼 수 있었으면 하는 바람이기도 합니다. 어떤 기술도, 어떤 사물이나 현상도 한 가지 측면만 있는 게 아니지요. 좋은 점과 나쁜 점이 있고, 누군가에게는 도움이 되지만 다른 이에게는 불편을 끼치고 생계에 문제가 될 수도 있어요. 친환경 기술도 도움이 되기도 하지만 문제가 되는 부분이 같이 있죠. 또 친환경 기술이 환경에 도움을 주는 측면과 함께 소비를 부추기고, 누군가에겐 직업을 잃는 이유가 되기도 합니다. 이런 다양한 측면을 함께 고민했으면 하는 바람에서 넣었어요.

마지막으로, 이 책이 미래를 위한 여러분의 고민과 실천에 조그마한 도움이라도 되었다면 기쁘겠습니다.

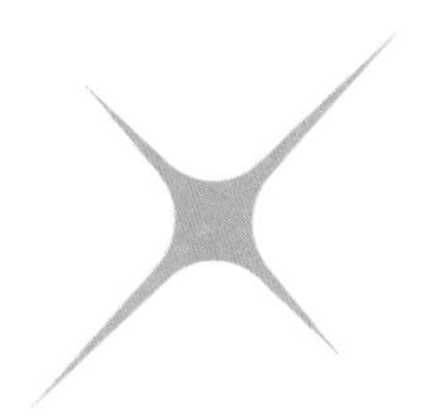